聪明孩子
最爱吃的营养餐

甘智荣 主编

江苏凤凰科学技术出版社

图书在版编目（CIP）数据

聪明孩子最爱吃的营养餐 / 甘智荣主编 . — 南京：
江苏凤凰科学技术出版社 , 2015.8（2019.11 重印）
（食在好吃系列）
ISBN 978-7-5537-4534-3

Ⅰ . ①聪… Ⅱ . ①甘… Ⅲ . ①婴幼儿 – 保健 – 食谱
Ⅳ . ① TS972.162

中国版本图书馆 CIP 数据核字 (2015) 第 100956 号

聪明孩子最爱吃的营养餐

主　　　编	甘智荣	
责 任 编 辑	樊　明　　葛　昀	
责 任 监 制	方　晨	
出 版 发 行	江苏凤凰科学技术出版社
出版社地址	南京市湖南路 1 号 A 楼，邮编：210009
出版社网址	http://www.pspress.cn
印　　　刷	天津旭丰源印刷有限公司
开　　　本	718mm×1000mm　　1/16
印　　　张	10
插　　　页	4
版　　　次	2015年8月第1版
印　　　次	2019年11月第2次印刷
标 准 书 号	ISBN 978-7-5537-4534-3
定　　　价	29.80元

序言
PREFACE

　　0~7岁是孩子发育的关键时期，如何让孩子健康成长，是每个爸爸妈妈最关心的问题。其实，除了日常的生活护理，最重要的就是培养孩子健康的饮食习惯。良好的饮食习惯不仅关系着孩子的发育情况，还会影响孩子一生的健康，因此父母一定要扮演好"营养师"的角色。在孩子的饮食调配上，不仅要做到品种多样化，还要注意色、香、味、形的丰富多样，以便给孩子最均衡的营养补充，避免孩子因饮食单调而偏食。

　　0~1岁的宝宝，如果是人工喂养，那么3个月后就可以添加果汁和菜汁，母乳喂养则要在4个月以后才能添加，且应先添加菜汁后添加果汁，每种吃3天后再换另一种。果汁较浓可以加等量水稀释或加小半勺婴儿蜂蜜。需要注意的是，6个月内的宝宝辅食不能加盐和糖。一般宝宝进食次数可随年龄的增长而逐渐减少，也就是说，年龄越小，进餐次数应越多，2~3岁宝宝，每天应吃4~5顿饭。同时，这一时期的宝宝体格和大脑的生长发育仍然非常迅速，所以一天中各顿饮食要有合理的比例安排。然而，很多爸爸妈妈只注重让宝宝怎样吃得好、吃得多，常常忽视怎样吃得合理，吃得符合生长发育的需求。这样宝宝就容易在这一时期出现各种营养问题，如缺铁、缺钙、缺锌、缺乏多种维生素、肥胖症等。4~7岁孩子已是进幼儿园的年龄，这时的孩子已具备了较好的吃饭能力，需要的营养已和成人类似，但必须避免刺激性食物，有条件的还应补充水果、豆浆、牛奶等。

　　本书精选几百道称职父母一定要学会做的儿童营养美食，根据孩子各阶段的发育特点与营养需求科学设计，注重荤素搭配，做到品种多样化，让孩子每餐都吃得开心、吃得营养。本书将这些美食按营养功效分为健脑益智、开胃消食、补钙增高、增强免疫力、保护视力等类别，方便爸爸妈妈们快速检索。此外，本书还奉送大量科学育儿知识，给爸爸妈妈们最贴心的指导，让孩子吃得更好、长得更棒。

目录
CONTENTS

补铁补锌食谱

补钙增高食谱

健脑益智食谱

增强免疫力食谱

开胃消食食谱

保护视力食谱

安神助眠食谱

01

补铁补锌食谱

含铁量较高的食物有：牛肝、鸡肝、麦片、糙米、牡蛎、杏干、猪排、牛排、绿豆、李子等；含锌量较高的食物有：所有谷物（包括其幼芽和麸皮）、蛋、奶制品、坚果、豆腐、食叶蔬菜（如莴苣、菠菜、卷心菜）、食根蔬菜（如土豆、胡萝卜、白萝卜）等。

要补铁补锌，就应适当给孩子多吃以上食物，以补充身体所缺。

0~1 岁婴儿

因母乳中铁的生物利用率和吸收率均高于牛奶，所以0~3个月的婴儿的铁质最好从母乳中摄取，4个月后应添加蛋黄、肝泥、肉末、豆粉、煮烂的菜叶等含铁的辅食，牛奶喂养的婴儿可稍提早添加。0~1岁的婴儿，每天铁的需要量为10~15毫克，锌的需要量为5毫克左右，最好从日常食用的食物中摄取。

稀释草莓汁

材料
草莓200克
调料
白糖适量
做法
❶ 草莓去蒂，洗净对切，再改刀切小块。
❷ 将草莓放入搅拌机中，打出汁水，再用细纱布过滤出杂质，并将汁水倒入杯中。
❸ 在杯中倒入温开水，加白糖拌匀即可。

稀释苹果汁

材料
富士苹果2个
调料
橙汁适量
做法
❶ 富士苹果洗净去皮，切开后去核，切丁。
❷ 将苹果丁放入压榨机，榨出汁，倒进奶瓶中。
❸ 取40毫升温开水，倒入奶瓶，加入橙汁搅匀即可。

稀释葡萄汁

材料

葡萄150克

调料

糖浆适量

做法

❶ 葡萄洗净切开，去籽。

❷ 将葡萄放进果汁机中搅拌均匀，再用细滤
网滤除颗粒。

❸ 加温开水、糖浆拌匀即可。

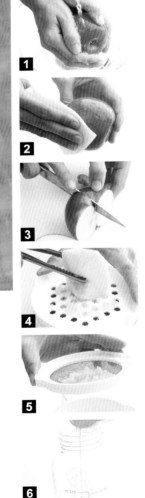

苹果汁

材料

苹果40克

做法

❶ 苹果用流动的水冲洗后，再用凉开水冲洗干净。

❷ 将苹果擦干。

❸ 将苹果切块，去皮，去籽。

❹ 用磨泥器将苹果磨成泥。

❺ 将苹果泥中的苹果汁滤出。

❻ 将苹果汁与温开水混合均匀，装进干净奶瓶即可。

小白菜汁

材料

小白菜30克

做法

❶ 将小白菜剥开，洗净。

❷ 将小白菜切成小段。

❸ 将水倒入锅中煮开，放入小白菜，煮1分钟后熄火。

❹ 用网筛过滤出小白菜汁即可。

菠菜米汤

材料

菠菜40克

调料

米汤30毫升

做法

❶ 菠菜洗净，切段。

❷ 锅中煮水，放入菠菜煮1分钟，用网筛过滤出菠菜汁。

❸ 将菠菜汁和米汤混合均匀即可。

狝猴桃柳橙酸奶

材料

猝猴桃1个，柳橙1个，酸奶130毫升

做法

❶ 柳橙洗净，去皮。

❷ 狝猴桃洗净，切开，取出果肉。

❸ 将柳橙、狝猴桃果肉及酸奶一起榨汁，搅匀即可。

香蕉柑橘奶昔

材料

香蕉100克，柑橘100克，牛奶200毫升

调料

蜂蜜20克

做法

❶ 香蕉去皮切块，柑橘剥成瓣，和牛奶一起放入搅拌机中，搅拌均匀。

❷ 倒入杯中，加入蜂蜜即成。

稀释柳橙汁

材料

柳橙300克

调料

黄糖适量

做法

❶ 柳橙洗净，剥去皮和茎条，掰成瓣。

❷ 搅拌器洗净晾干，将柳橙放入其中，搅拌出汁时，滤出汁水。

❸ 把汁水倒入杯中，放入黄糖，再倒入开水拌匀即可。

白梨糊

材料

白梨100克

调料

白糖20克

做法

① 将清洗后的白梨削皮去核，切成细末。

② 在梨末中加适量清水拌成梨糊。

③ 调入白糖拌匀即可。

姜汁南瓜糊

材料

南瓜90克，姜2片

调料

食盐3克，胡椒粉2克

做法

① 在适量水中加入姜片，以榨汁机打成糊，滤除渣质。

② 南瓜切块，煮烂，放凉，用果汁机打成糊。

③ 将姜汁加入南瓜糊中，以小火煮开，再加入食盐、胡椒粉调味即可。

红薯米糊

材料

红薯40克，大米50克，燕麦30克，生姜适量

做法

① 红薯清洗干净，切成小粒；大米、燕麦分别淘洗干净，泡至软；生姜去皮洗净，切片。

② 将上述材料放入豆浆机，加适量清水，按豆浆机提示制作好米糊，装杯即可。

花生米糊

材料
大米80克，熟花生米50克
调料
白糖适量
做法
1 大米淘洗干净，用清水浸泡2小时；熟花生米搓掉外皮。
2 将大米和熟花生米倒入豆浆机中，搅打成糊，至豆浆机提示米糊做好，滤出装杯，加入白糖调味即可。

山药米糊

材料
大米60克，山药40克，鲜百合、莲子各10克
做法
1 莲子泡软去心，洗净；大米淘洗干净，泡软；山药去皮，洗净切丁，泡在清水里；百合洗净，切成小块。
2 将所有材料放入豆浆机中，搅打成浆后煮至豆浆机提示米糊做好，盛出即可。

玉米米糊

材料
鲜玉米粒60克，大米50克，玉米渣30克
做法
1 鲜玉米粒洗净；大米在清水中浸泡2小时；玉米渣淘洗干净。
2 将所有食材倒入豆浆机中，加入清水，按操作提示煮好米糊即可。

莲子奶糊

材料

莲子60克，牛奶200毫升

调料

白糖适量

做法

❶ 将莲子洗净去心，沥干后磨成粉，加入少量清水调成莲子糊。

❷ 锅中注入牛奶，放入白糖，煮沸。

❸ 将莲子糊慢慢倒入锅中，并不断搅拌，煮熟即可。

核桃藕粉糊

材料

核桃仁100克，藕粉30克

调料

白糖、花生油各适量

做法

❶ 核桃仁洗净，用花生油炸酥，研磨成泥。

❷ 藕粉用开水调成糊，放入核桃泥调匀。

❸ 锅中加适量清水煮沸，放入调好的核桃藕粉糊，调匀，再放入白糖，不断搅拌，煮熟即可。

百合西芹蛋花汤

材料

西芹100克，水发百合10克，鸡蛋1个

调料

食盐6克，香油3毫升

做法

❶ 西芹择洗净，切丝；水发百合洗净；鸡蛋打入盛器搅匀备用。

❷ 净锅上火倒入清水，调入食盐，放入西芹、百合烧开，浇入鸡蛋液，淋入香油即可。

高汤玉米萝卜煲

材料

玉米棒1个，胡萝卜75克，菠菜50克

调料

葱、姜各3克，食盐适量

做法

❶ 将玉米棒洗净剁块；胡萝卜去皮洗净，切成小块；菠菜择洗净切段，焯烫备用。

❷ 净锅上火，倒入高汤，调入食盐、葱、姜，下入玉米棒、胡萝卜、菠菜煲至熟即可。

枸杞蛋包汤

材料

枸杞子5克，鸡蛋2个

调料

食盐适量

做法

❶ 枸杞子用水泡软。

❷ 锅中加2碗清水，煮开后转中火，打入鸡蛋。

❸ 将枸杞子放入锅中和鸡蛋同煮至熟，再加入食盐调味即可。

父母供给的食物一定要结合孩子年龄、消化功能等特点，营养素要齐全，量和比例要恰当。食物不宜过于精细、过于油腻、调味品过重以及带有刺激性。此时期供给幼儿的补铁补锌食品最好能品种多样，烹调时不要破坏营养素，并且做到色、香、味俱佳，以增加幼儿食欲。

包菜葡萄汁

材料

包菜120克，葡萄80克，柠檬1个

做法

❶ 将包菜、葡萄洗净；柠檬洗净后切片。

❷ 用包菜叶把葡萄包起来。

❸ 将所有的材料放入榨汁机，榨出汁即可。

糯米红枣

材料

红枣200克，糯米粉100克

调料

白糖30克

做法

❶ 将红枣泡好，去核。

❷ 糯米粉用水搓成团，放入红枣中，装盘。

❸ 用白糖泡水，倒入红枣中，再将整盘放入蒸笼蒸5分钟即可。

胡萝卜石榴包菜汁

材料

胡萝卜1根，包菜叶2片，石榴籽、蜂蜜各适量

做法

❶ 将胡萝卜洗净，去皮，切条；将包菜洗净，撕片。

❷ 将胡萝卜、石榴籽、包菜放入榨汁机中搅打成汁，再加入蜂蜜、温开水即可。

山药蜜汁

材料

山药35克，菠萝50克，枸杞子30克，

调料

蜂蜜适量

做法

❶ 山药洗净，去皮，切段；菠萝去皮，洗净，切块；枸杞子冲洗干净。

❷ 将山药、菠萝和枸杞子倒入榨汁机中榨汁，再加入蜂蜜拌匀即可。

蜜汁糖藕

材料

莲藕200克，糯米适量

调料

桂花糖、蜂蜜各10克

做法

❶ 莲藕去皮洗净，切去两头；糯米洗净泡发；桂花糖、蜂蜜加开水调成糖汁。

❷ 把泡发好的糯米塞进莲藕孔中，压实，放入蒸笼中蒸熟，取出。

❸ 待莲藕凉后，切片，淋上糖汁即可。

杨桃酸奶汁

材料

杨桃2个，酸奶100毫升

调料

糖水、蓝姆汁各适量

做法

❶ 杨桃洗净切片。

❷ 将杨桃片、酸奶、糖水、蓝姆汁装入搅拌机中。

❸ 加入适量温开水后搅拌均匀即可。

牛奶胡萝卜汁

材料

胡萝卜1个，牛奶200毫升

调料

冰糖20克

做法

❶ 胡萝卜洗净，放入榨汁机中榨成汁，倒入杯中。

❷ 将牛奶倒入榨好的胡萝卜汁中。

❸ 放入冰糖一起搅打均匀即可。

南瓜米糊

材料

大米、糯米各30克，南瓜20克，红枣10克

做法

❶ 大米、糯米分别淘洗干净，用清水浸泡2小时；南瓜洗净，去皮去籽，切成小块；红枣用温水洗净，去核，切碎。

❷ 将全部材料倒入豆浆机中，搅打成浆并煮沸，滤出即可。

高钙豆浆

材料

黑豆、大米各50克，黑木耳25克

做法

❶ 黑豆泡软，洗净；大米洗净，泡软；干黑木耳泡发，洗净，撕成小块。

❷ 将所有原材料放入豆浆机中，添入清水搅打成豆浆，烧沸后滤出豆浆即可。

花生芝麻糊

材料

熟花生米200克，熟黑芝麻100克，牛奶30毫升

调料

淀粉、白糖各适量

做法

❶ 黑芝麻用搅碎机打碎，放入锅中，加入开水、白糖、牛奶调匀，加盖，以大火煮8分钟。

❷ 加入淀粉调匀，加盖，以大火煮2分钟，撒上熟黑芝麻即可。

腰果花生米糊

材料

大米100克，腰果、花生米各25克

做法

❶ 大米洗净，用水浸泡；花生米、腰果洗净。

❷ 将所有材料放入豆浆机中，添入清水，搅打成糊后，煮熟装杯即可。

胡萝卜米糊

材料

大米40克，胡萝卜、绿豆各20克，去心莲子10克

做法

❶ 绿豆洗净，用清水浸泡4小时；大米淘洗干净，泡软；胡萝卜去皮洗净，切粒；莲子泡软去心，洗净。

❷ 将所有材料倒入豆浆机中，加入适量清水搅打成浆并煮沸，滤出即可。

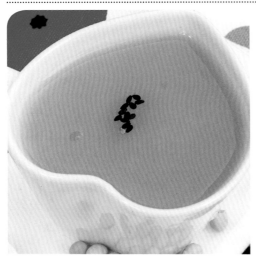

牛奶芝麻豆浆

材料

黄豆70克，黑芝麻15克，牛奶适量

做法

❶ 黄豆洗净，用清水泡至发软；黑芝麻洗净备用。

❷ 将黄豆、黑芝麻放入豆浆机中，加入牛奶，搅打成豆浆并煮沸。

❸ 滤出豆浆即可。

红薯豆浆

材料

红薯40克，黄豆30克

调料

冰糖适量

做法

❶ 黄豆加水浸泡至变软，洗净；红薯洗净去皮，切成小块。

❷ 将黄豆、红薯倒入豆浆机中，添水搅打煮熟成豆浆。

❸ 滤出豆浆，加入冰糖拌匀即可。

绿豆红枣豆浆

材料

绿豆70克，红枣1颗

做法

❶ 绿豆用清水泡至发软，捞出洗净；红枣洗净，去核。

❷ 将绿豆、红枣放入豆浆机中，加清水至上下水位线之间。

❸ 搅打成豆浆并煮沸，滤出豆浆即可。

山药豆腐汤

材料

豆腐400克，山药200克，蒜头1瓣

调料

花生油、老抽、麻油、葱花、食盐、味精各适量

做法

❶ 山药去皮，豆腐用沸水焯烫，将山药和豆腐分别切成丁；蒜去皮洗净剁成蓉。

❷ 花生油烧至五成热，爆香蒜蓉，倒入山药丁翻炒数遍。

❸ 加入适量清水，待沸倒入豆腐丁，调入老抽、麻油、葱花、食盐、味精即可。

丝瓜木耳汤

材料

丝瓜300克，水发木耳50克

调料

食盐3克，味精1克，胡椒粉1克

做法

❶ 将丝瓜刮洗干净，对剖成两半后切片。

❷ 将木耳去蒂，淘洗干净，撕成片。

❸ 锅中加入清水1000毫升，烧开后，放入丝瓜、食盐、胡椒粉，煮至丝瓜断生时，下木耳略煮片刻，再放入味精搅匀，盛入汤碗中即可。

红毛丹银耳汤

材料

银耳200克，西瓜50克，红毛丹50克

调料

冰糖200克

做法

❶ 银耳泡水，去除蒂头，切小块，放入沸水中烫热，捞起沥干；西瓜去皮，切小块；红毛丹去皮、去籽。

❷ 冰糖加适量水熬成汤汁，待凉。

❸ 将西瓜、红毛丹、银耳、冰糖水放入碗中，拌匀即可。

胡萝卜芥菜汤

材料

胡萝卜250克，芥菜、香菇、竹笋各50克

调料

素高汤、食盐各适量

做法

❶ 胡萝卜洗净去皮，切片；香菇泡软，洗净，去蒂，切片，放入素高汤内煮好。

❷ 竹笋洗净切片；芥菜洗净，片成大片，用热水焯过，捞出过凉。

❸ 将所有原料放入素高汤内煮熟，加入食盐调味即可。

莲藕碎肉粥

材料

莲藕20克，猪肉20克，大米20克

调料

食盐适量

做法

❶ 将莲藕洗净，切成小块备用。

❷ 将猪肉按竖切口切成小丁。

❸ 将原料混合放入锅中煮成粥，直到肉熟米烂，加盐拌匀后即可。

4～7岁学龄前儿童

学龄前儿童的活动能力提高、范围拓宽，正处于体、脑发育期，补充充足、合理的营养尤为重要。学龄前儿童的膳食安排，除了遵循幼儿时期的膳食原则外，食物的分量要增加，并要逐渐让孩子进食一些粗杂粮，引导其养成良好的饮食习惯。学龄前儿童的食物种类与成年人相接近，包括谷类、畜禽类、水产类、蛋类、奶及奶制品、大豆及其制品、蔬菜、水果、烹调油和食糖等。在食物搭配上尽量做到多样化，这样才能保证营养全面，更好地补铁补锌。

参鸡汤

材料

小鸡1只，糯米180克，水参40克

调料

蒜头20克，红枣16克，葱20克，食盐12克，黄芪20克，胡椒粉0.3克

做法

❶ 原材料洗净；锅内放入黄芪与水，大火煮1小时，用筛子过滤做成黄芪水。

❷ 葱洗净，切条。

❸ 将糯米、水参、蒜头、红枣塞入小鸡肚子里。

❹ 将两只鸡腿交叉绑好。

❺ 锅里放入小鸡与黄芪水，煮至汤色变成乳白色。

❻ 出锅后，调入葱、食盐、胡椒粉即可。

板栗土鸡瓦罐汤

材料

土鸡1只，板栗200克，红枣10克

调料

姜片10克，食盐5克，味精2克

做法

❶ 将土鸡宰杀后去净毛桩，去内脏，洗净切件备用；板栗剥壳，去皮备用。

❷ 净锅上火，加入适量清水，烧沸，放入鸡肉、板栗，滤去血水备用。

❸ 将鸡肉、板栗转入瓦罐里，放入姜片、红枣，调入食盐、味精，再将瓦罐放进特制的大瓦罐中，用木炭火烧制12小时即可。

鸽肉红枣汤

材料

鸽子1只，莲子60克，红枣25克

调料

食盐6克，味精2克，姜片5克，花生油适量

做法

❶ 鸽子处理干净并剁块；莲子、红枣泡发，洗净。

❷ 鸽肉下入沸水中汆去血水后，捞出沥干。

❸ 净锅上火，加油烧热，用姜片爆锅，下入鸽块稍炒，再加适量清水，放入红枣、莲子一起炖35分钟至熟，最后加入食盐和味精调味即可。

菠菜鸡胗汤

材料

熟鸡胗180克，菠菜125克，金针菇20克

调料

高汤适量，食盐6克

做法

❶ 熟鸡胗洗净切片；菠菜择洗净切段；金针菇洗净去根，切段备用。

❷ 净锅上火，倒入高汤，调入食盐，放入熟鸡胗、金针菇、菠菜煮至熟即可。

红枣当归蛋汤

材料

去核红枣、桂圆肉各50克，当归片10克，鸡蛋1个

调料

红糖适量

做法

❶ 取碗，放入红枣、桂圆肉、当归，用清水泡发，然后洗净。

❷ 净锅注水烧开，放入鸡蛋煮熟。

❸ 将熟鸡蛋剥去壳后同余下食材一起入锅炖煮。

❹ 10分钟后，加入红糖调味即可。

老鸭红枣猪蹄煲

材料

老鸭250克，猪蹄1个，红枣4颗

调料

食盐适量

做法

❶ 将老鸭洗净，斩块焯水；猪蹄洗净，斩块焯水；红枣洗净。

❷ 净锅上火，倒入水，调入食盐，放入老鸭、猪蹄、红枣煲至熟即可。

草菇煲猪蹄

材料

猪蹄200克，草菇100克，上海青50克

调料

花生油25毫升，食盐适量，味精3克，葱花4克，香油2毫升

做法

❶ 将猪蹄洗净，切块，焯水；草菇洗去盐分；上海青洗净备用。

❷ 净锅上火，倒入花生油，放入葱花爆香，再倒入清水，调入食盐、味精，放入猪蹄、草菇至熟，最后淋入香油，投入上海青即可。

香菇冬笋排骨汤

材料

排骨500克，香菇10朵，冬笋100克

调料

食盐适量

做法

❶ 冬笋洗净，切片；香菇洗净，切片。

❷ 排骨洗净，剁成小块，放入沸水中焯烫去血水。

❸ 锅中加入适量清水，将冬笋、香菇、排骨放入，待水沸后转小火煮至排骨熟，起锅前调入食盐即可。

白果玉竹猪肝汤

材料

猪肝200克，白果100克，玉竹20克，青椒、红椒各适量

调料

味精3克，香油3毫升，食盐、高汤各适量

做法

❶ 将猪肝洗净切片；白果、玉竹分别洗净备用；青椒、红椒分别洗净，切丁备用。

❷ 净锅上火，倒入高汤，放入猪肝、白果、玉竹，调入食盐、味精烧沸，再撒入青椒丁、红椒丁，最后淋入香油即可。

枸杞牛肉汤

材料

牛肉350克，枸杞子20克

调料

食盐5克，葱段3克

做法

❶ 将牛肉洗净、切片；枸杞子洗净备用。

❷ 净锅上火，倒入清水，调入食盐，下入牛肉烧开，撇去浮沫，再放入枸杞子煲至熟，撒入葱段即可。

海带鸡爪煲骨头

材料

鸡爪200克，猪骨300克，海带300克

调料

食盐5克，味精3克，花雕酒5毫升

做法

❶ 海带泡发洗净，切成大片。

❷ 鸡爪对半剁开；猪骨斩件。

❸ 煲中加入清水烧开，放入猪骨、鸡爪、海带、花雕酒煲40分钟，加入食盐、味精即可。

青苹果炖生鱼

材料

生鱼100克，青苹果50克，猪腱50克，老鸡鸡块50克

调料

食盐、味精各适量

做法

❶ 猪腱、老鸡块焯水洗净，生鱼洗净略炸，将三者放入炖盅内摆好，加入清水，用保鲜纸包好。

❷ 上火炖4小时，撇去肥油，再加入苹果块炖半小时，最后放入调味料即可。

红豆炖鲫鱼

材料

鲫鱼1条，红豆500克

调料

食盐适量

做法

❶ 将鲫鱼处理干净，红豆洗净。

❷ 将鲫鱼和红豆放入锅内，加2000～3000毫升水清炖，炖至鱼熟豆烂即可。

小鲍鱼汤

材料

鲍鱼2只，猪瘦肉150克，参片12片，枸杞子10粒

调料

味精、鸡精、食盐各适量

做法

❶ 将鲍鱼杀好洗净。

❷ 将所有原材料放入盅内。

❸ 用中火蒸1个小时，再放入调味料调味即可。

山药枸杞炖水鱼

材料

水鱼1只，山药30克，枸杞子20克，红枣5颗，生姜10克

调料

食盐5克，味精2克

做法

❶ 将山药洗净，用清水浸30分钟；枸杞子、红枣洗净；生姜切片。

❷ 水鱼用热水烫，使其排出尿后，宰杀去内肠、脏，洗净切块。

❸ 将全部材料放入炖盅内。

❹ 加入适量开水，加盖，小火炖2～3小时，加入调味料即可。

五色大米粥

材料

绿豆、红豆、白豆、玉米各25克，胡萝卜20克，大米40克

调料

白糖3克

做法

❶ 大米、绿豆、红豆、白豆均泡发洗净；玉米洗净；胡萝卜洗净，切丁。

❷ 净锅置于火上，倒入清水，放入大米、绿豆、红豆、白豆，以大火煮开。

❸ 加玉米、胡萝卜同煮至浓稠状，加白糖拌匀即可。

枸杞牛蛙汤

材料

牛蛙2只，姜1小块，枸杞子10克

调料

食盐适量

做法

① 牛蛙处理干净并剁块，汆烫后捞起备用；姜洗净，切丝；枸杞子以清水泡软。

② 锅内加入适量清水煮沸，然后放入牛蛙、姜丝、枸杞子，水沸后转中火续煮2~3分钟，待牛蛙肉熟嫩，加入食盐调味即成。

红枣带鱼糯米粥

材料

糯米80克，带鱼30克，红枣20克

调料

食盐3克，味精2克，香油、料酒、葱花各适量

做法

① 糯米洗净后泡软；带鱼处理干净，切小块，用料酒腌渍去腥；红枣洗净，去核。

② 净锅置于火上，注入清水，放入糯米、红枣煮至六成熟。

③ 放入带鱼煮至粥浓稠，再加入食盐、味精、香油调味，撒上葱花即可。

萝卜橄榄粥

材料

糯米100克，白萝卜、胡萝卜各50克，生猪肉80克，橄榄20克

调料

食盐3克，味精1克，葱花适量

做法

❶ 白萝卜、胡萝卜均洗净切丁；猪肉洗净切丝；橄榄冲净；糯米淘净，用清水泡好。

❷ 锅中注水，放入糯米和橄榄煮开，改中火，放入胡萝卜、白萝卜煮至粥稠冒泡。

❸ 放入猪肉熬至成粥，再调入食盐、味精调味，撒上葱花即可。

双枣莲藕炖排骨

材料

莲藕2节，排骨250克，红枣10颗，黑枣10颗

调料

食盐6克

做法

❶ 排骨洗净剁块，入沸水焯烫去血水，捞出冲净。

❷ 莲藕削皮，洗净，切成块；红枣、黑枣洗净待用。

❸ 将莲藕、排骨、红枣、黑枣放入锅内，加入适量清水，煮沸后转小火炖煮40分钟，加入食盐调味即可。

02

补钙增高食谱

对于正在长身体的孩子来说，营养比其他一切都重要。虽然有很多营养素都能让孩子长高，但其中最有作用的莫过于钙、蛋白质、维生素和膳食纤维，所以正在成长的孩子要多摄取这些营养元素。在日常的饮食中，应多食用鱼干、牛奶、乳酪、菠菜、黄豆芽、肉类、胡萝卜、骨头、豆腐等食材。

0～1岁婴儿

胎儿出生之后，脐带被剪断，母体与胎儿之间的营养通道也就此中断了，可小儿的生长发育仍在继续，因而每天都缺少不了对钙的需求。我们知道，婴儿的营养主要来自乳类，而母乳是最理想的婴儿食品。每100克母乳中含钙34毫克，含磷15毫克，两者之比为约2.4:1，这种比例最适合婴儿肠壁对钙的吸收。所以，0～1岁的婴儿可从母乳和辅食中摄取所需的钙质。

大米黄豆汁

材料

大米100克，黄豆50克

调料

冰糖适量

做法

❶ 大米洗净，泡软；黄豆洗净，泡软；冰糖研碎。

❷ 将大米、黄豆放入豆浆机中，添水搅打成浆后煮沸，滤出，装杯，再加入冰糖搅拌均匀即可。

白梨苹果香蕉汁

材料

白梨1个，苹果1个，香蕉1根

调料

蜂蜜适量

做法

❶ 白梨和苹果洗净，去皮去核后切块；香蕉剥皮后切成块。

❷ 将白梨块和苹果块放进榨汁机中，榨出汁。

❸ 将果汁倒入杯中，加入香蕉及适量蜂蜜，一起搅拌成汁即可。

银耳红枣汁

材料

银耳、红枣各10克

调料

冰糖适量

做法

❶ 银耳洗净，注水浸泡25分钟，捞出沥干后撕片；红枣洗净，切开去核。

❷ 锅中注水烧热，放入银耳、红枣煮45分钟，再放入冰糖煮化。

❸ 熄火待凉，用细滤网滤出汁水即可。

薏米黑豆浆

材料

黑豆150克，薏米50克

调料

细砂糖30克

做法

❶ 薏米、黑豆均洗净，浸泡4小时，取出沥干。

❷ 将薏米、黑豆放入豆浆机中，加入清水打成豆浆。

❸ 加细砂糖拌匀即可。

红薯大米浆

材料

红薯1个，大米100克

调料

白糖适量

做法

❶ 将红薯洗净，煮熟后去皮，切小块；大米洗净，泡软。

❷ 将红薯、大米放入豆浆机中，加入清水，搅打成浆，装杯，加入白糖调味即可。

红豆燕麦粥

材料

红豆150克，燕麦片5克

调料

白糖15克

做法

❶ 燕麦片洗净；红豆洗净，泡水约4小时。

❷ 将泡软的红豆、燕麦片放入锅中，加入适量水后用中火煮，水沸后，转小火，煮至熟透，再加入白糖调味即可。

水果粥

材料

三合一麦片1包，燕麦片30克，苹果、狝猴桃、罐头菠萝各50克

做法

❶ 苹果洗净，去皮及核；狝猴桃洗净，去皮；菠萝罐头打开、取出菠萝；将上述材料均切丁备用。

❷ 三合一麦片撕开包装，倒入碗中，冲入200克热开水泡3分钟。

❸ 碗中加入燕麦片、苹果丁、狝猴桃丁及菠萝丁，拌匀即可食用。

蔬菜乳酪粥

材料

米饭100克，洋葱25克，青椒、红椒各15克，火腿10克，牛奶、高汤、乳酪片各适量

调料

食盐2克，胡椒粉、奶油、芹菜粉各适量

做法

❶ 洋葱、青椒、红椒分别洗净，切小丁；火腿去包衣，也切成小丁。

❷ 奶油先下锅烧至融化，再放入洋葱、火腿、青椒、红椒翻炒。

❸ 往锅里放入米饭和高汤，煮至米饭变软为止。

❹ 牛奶倒进锅里煮3分钟，加入食盐、胡椒粉调味。

❺ 乳酪放入锅中，稍煮片刻。

❻ 待乳酪融化后，撒上芹菜粉即可。

小麦芝麻浆

材料

小麦100克，白芝麻25克

调料

白糖20克，花生油适量

做法

❶ 小麦去除麸皮，洗净后泡水2小时；白芝麻洗净，沥干水分。

❷ 将小麦、白芝麻放入盘中，上蒸锅蒸熟，取出待凉；起油锅，放入小麦、白芝麻炸香，熄火。

❸ 将炒好的小麦、白芝麻放入碾磨机中碾成末，与开水一起倒入容器中，加入白糖拌匀，最后用细网滤出浆水即可。

鱼蓉瘦肉粥

材料

鱼肉25克，猪瘦肉、花生各15克，大米50克

调料

葱10克，姜8克，食盐1克，味精2克，香菜适量

做法

❶ 鱼肉入锅煮熟，取出待凉制成蓉；猪瘦肉洗净切碎；花生泡水涨发；葱切葱花；姜切丝；香菜切末。

❷ 砂锅中注水，烧开，放入姜丝、花生、大米煮开，煲15分钟。

❸ 放入鱼蓉、猪瘦肉煮开，撒上葱花、香菜末，加入调味料即可。

香菇鸡腿汤

材料

香菇2朵，鸡腿1只，灵芝3片，杜仲5克，山药片10克，红枣6颗，丹参10克

调料

盐少许

做法

❶ 鸡腿洗净，以开水氽烫；其余材料均洗净备用。

❷ 炖锅放入适量水烧开后，将用料全部下入锅中煮沸，再转小火炖1小时，加盐调味即可。

蚝仔粥

材料

蚝仔100克，大米50克

调料

葱15克，姜10克，食盐5克，味精2克，胡椒粉3克，生粉20克

做法

❶ 蚝仔放入碗中，用生粉搓洗，再用水冲洗干净；大米淘洗净；葱切葱花；姜切丝。

❷ 锅中注水烧开，放入蚝仔焯烫，捞出沥干水分。

❸ 大米入锅煮至成粥，加入蚝仔煮匀，加入调味料煮入味即可。

葱花蒸蛋羹

材料

鸡蛋3个，葱花5克

调料

食盐适量

做法

❶ 将鸡蛋磕入大碗中打散，加入食盐后搅拌调匀，再慢慢加入300毫升温水，边加边搅动。

❷ 入蒸锅，以小火蒸10分钟，撒上葱花即可。

山药莲子羹

材料

大米90克，山药30克，胡萝卜、莲子各15克

调料

食盐2克，味精1克，葱适量

做法

❶ 山药去皮洗净，切块；莲子洗净，泡发，挑去莲芯；胡萝卜洗净，切丁；大米洗净，泡发半小时后捞出沥干水分。

❷ 锅内注水，放入大米，用大火煮至米粒绽开，再放入莲子、胡萝卜、山药。

❸ 改用小火煮至浓稠时，放入食盐、味精调味，再撒上葱花即可。

蟹脚肉蒸蛋

材料

鸡蛋1个，鸡蓉1匙，蟹脚肉1匙

调料

高汤100毫升，盐适量

做法

❶ 将鸡蓉、蟹脚肉放入大碗中备用。

❷ 将鸡蛋打散，与高汤、盐拌匀，倒入盛鸡蓉的碗中至八分满。

❸ 蒸锅中倒入水煮沸，将大碗放入蒸笼中，用大火蒸20分钟至熟。

醋香鳜鱼

材料

鳜鱼1条，西兰花150克，红椒少许

调料

盐、醋、生抽、蛋清、料酒各适量

做法

❶ 鳜鱼处理干净，去主刺，肉切片，留头、尾摆盘；西兰花洗净，掰小朵，用沸水焯熟；红椒洗净，切圈；醋、生抽调成味汁。

❷ 鱼肉用盐、料酒稍腌，再以蛋清抹匀，连头、尾一同放入蒸锅蒸8分钟，取出。

❸ 用西兰花摆盘，淋上味汁，最后撒上红椒圈即可。

花生米浆

材料

花生米、糙米、香米各100克

调料

白糖10克

做法

❶ 花生米撕去薄膜，洗净沥干；糙米、香米均洗净，泡水25分钟，捞出沥水。

❷ 将花生米、糙米、香米放入搅拌机中搅碎，再调整搅拌机的研磨度打成细粉。

❸ 锅中倒入水，放入细粉边煮边搅，沸腾时加入白糖煮化，最后用细筛网筛出汁水即可。

海带大骨汤

材料

水发海带100克，牛肉50克

调料

花生油、食盐、老抽、胡椒粉、大骨汤各适量

做法

❶ 水发海带洗净，切细条；牛肉洗净切丝，用胡椒粉抓匀。

❷ 锅中注油烧热，放入牛肉翻炒一会儿，倒入大骨汤，放入海带煮至熟。

❸ 加入食盐、老抽调味即可。

卤海带

材料

海带300克，葱15克

调料

香油8克，八角4粒，糖40克，酱油10毫升

做法

❶ 海带洗净，放入滚水中焯烫，捞出沥干，用牙签串起来；葱洗净，切段。

❷ 锅中放入八角、糖、酱油、水，加入海带及葱，大火煮开，转小火卤至海带熟烂，捞出，排入盘中，淋上适量卤汁及香油即可端出。

莲藕排骨汤

材料

猪排骨500克，莲藕300克

调料

食盐5克，味精3克，生姜3克

做法

❶ 猪排骨洗净，剁成段；莲藕洗净，切成小块；生姜洗净，切片。

❷ 净锅上火，加清水烧沸后放入猪排骨段焯去血水，捞出。

❸ 将猪排骨段、莲藕、姜片一起装入炖盅内，加入适量清水，隔水炖40分钟后调入食盐、味精即可。

排骨煲奶白菜

材料

奶白菜100克，山药50克，枸杞子20克，猪排骨400克，党参30克，香芹少许

调料

盐2克

做法

❶ 猪排骨洗净，剁成块；奶白菜洗净；山药、党参均洗净切片；枸杞子洗净；香芹洗净，切段。

❷ 锅内注水，下入山药、党参、枸杞子与排骨一起炖煮1小时左右，加入奶白菜、香芹稍煮。

❸ 加入盐调味，起锅装盘即可。

2～3岁幼儿

通常2~3岁的幼儿每天需要400~600毫克钙，3~12岁的孩子每天需800~1000毫克的钙。需要强调的是，钙剂的吸收必须有维生素D的参与，如果体内缺乏维生素D，肠道吸收钙剂的能力就会大打折扣了。如果钙吸收良好，磷的吸收也就同时增加了，并在生长的骨骼部位形成钙磷的沉积，使新骨不断生长壮大。2～3岁幼儿可以在饮食之外，适量添加钙剂，以补充身体所缺的钙。

西红柿豆乳汁

材料
西红柿200克，豆奶100毫升，梨50克
调料
柠檬汁适量
做法
❶ 西红柿洗净，在顶部划上刀花，去皮，切块；梨洗净切块。
❷ 将所有材料放入果汁机中搅碎即可。

苹果青提汁

材料
苹果150克，青提150克
调料
柠檬汁适量
做法
❶ 将苹果洗净，去皮、去核，切块；将青提洗净，去核。
❷ 将苹果和青提一起放入榨汁机中，榨出果汁，然后加入柠檬汁，拌匀即可。

猕猴桃牛奶汁

材料

猕猴桃200克，柳丁50克，优酪乳、牛奶各50毫升

调料

蜂蜜5克

做法

❶ 猕猴桃洗净，去皮切块；柳丁切小块。

❷ 将猕猴桃、柳丁分别放入榨汁机中榨出汁水，倒入果汁机中。

❸ 将优酪乳、牛奶、蜂蜜放入果汁机中，搅匀即可。

黄瓜苹果菠萝汁

材料

黄瓜半根，菠萝1/4个，苹果1/2个，老姜1小块，柠檬1/4个

做法

❶ 将苹果洗净，去皮、去籽，切块；黄瓜、菠萝洗净，去皮后切块备用。

❷ 将柠檬洗净后榨汁，并将洗净的老姜切片备用。

❸ 将柠檬汁以外的材料放入榨汁机中榨汁，再加入柠檬汁即可。

木瓜牛奶

材料

木瓜200克，鲜奶150毫升

调料

果糖适量

做法

❶ 木瓜洗净去籽，用汤匙挖取果肉；牛奶倒入杯中，隔水加热。

❷ 将木瓜、果糖放入果汁机中搅碎，倒入杯中拌匀。

❸ 待凉即可。

肉末紫菜豌豆粥

材料

猪肉50克，紫菜20克，豌豆、胡萝卜各30克，大米100克

调料

食盐3克，鸡精1克

做法

❶ 紫菜泡发，洗净；猪肉洗净，剁成末；大米淘净，泡好；豌豆洗净备用；胡萝卜洗净，切成小丁。

❷ 锅中注水，放入大米、豌豆、胡萝卜，大火烧开，放入猪肉煮至熟。

❸ 用小火将粥熬好，放入紫菜拌匀，再调入食盐、鸡精调味即可。

健康黑宝奶

材料

青仁黑豆、莲子各50克，黄豆、黑糯米各35克，奶粉20克，黑芝麻、核桃仁各15克，黑木耳10克

调料

红糖适量

做法

❶ 青仁黑豆、黄豆、黑糯米分别洗净，泡水后沥干水分；莲子洗净，浸泡；黑木耳泡发洗净，去除杂质，撕成小朵。

❷ 黑芝麻、核桃仁放入碾磨机中磨碎成粉。

❸ 将青仁黑豆、黄豆、黑糯米、莲子、黑木耳放入果汁机中，加300毫升清水搅打成浆并煮熟，再加入红糖、奶粉、黑芝麻粉、核桃粉，搅拌均匀即可。

甘麦红枣茶

材料

浮小麦30克，红枣15克，炙甘草10克，蝉衣5克

做法

❶ 浮小麦洗净；红枣洗净，去核；炙甘草、蝉衣洗净。

❷ 将所有材料放入同一锅中，加水2000毫升，煮至水量剩下1000毫升。

❸ 滤出茶水，待凉即可饮用。

杏仁大米豆浆

材料

大米、黄豆各30克，杏仁15克

调料

白糖适量

做法

❶ 黄豆用水泡软并洗净；大米淘洗干净；杏仁略泡并洗净。

❷ 将上述材料放入豆浆机中，加适量清水搅打成豆浆，并煮熟。

❸ 过滤后加入适量白糖调匀即可。

板栗小米豆浆

材料

黄豆、板栗肉各40克，小米20克

做法

❶ 黄豆用清水泡软，捞出洗净；板栗肉洗净；小米淘洗干净。

❷ 将上述材料放入豆浆机中，加适量清水搅打成豆浆，烧沸后滤出即可。

橙子节瓜薏米汤

材料
橙子1个，节瓜125克，薏米30克

调料
白糖3克，食盐适量

做法

❶ 将橙子洗净切丁；节瓜洗干净，去皮、去籽，切丁；薏米淘洗干净备用。

❷ 汤锅上火，倒入清水，放入橙子、节瓜、薏米煲至熟，调入食盐、白糖即可。

莲子菠萝羹

材料
菠萝1个，莲子100克

调料
糖水100毫升，白糖25克，葱花5克

做法

❶ 净锅置于火上，加清水150毫升，放入白糖烧开。

❷ 莲子泡发洗净，加入糖水锅内煮5分钟，连糖水一起晾凉，再捞出莲子。

❸ 菠萝去皮，切成小丁，与糖水、莲子一起装入小碗内，浇上糖水，撒上葱花即可。

西湖牛肉羹

材料
牛肉50克，韭黄、菜心各10克，鸡蛋1个

调料
姜、香菜叶、食盐各3克，水淀粉4毫升，香油5毫升

做法

❶ 牛肉洗净切粒；韭黄洗净切粒；菜心、姜洗净切粒；香菜叶洗净；鸡蛋取蛋清。

❷ 砂锅内放入适量清水、姜，待水沸，放入牛肉、韭黄、菜心，煮沸，撇去浮沫。

❸ 待牛肉熟时，调入少许食盐，用水淀粉勾芡，再淋入鸡蛋清搅匀，最后淋上少许香油，撒上香菜叶即可。

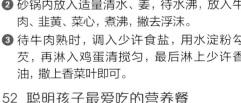

4 ~ 7 岁学龄前儿童

儿童补钙是一件需要重视的事情，不少孩子因为缺钙，所以出现长不高、偏食、"O"型腿等症状。学龄前儿童每天应摄取足够的钙质和磷。目前，我们的日常饮食以谷类为主，但是谷类食物含草酸较多，草酸和钙结合成不溶的草酸钙，会影响机体对钙的吸收。因此，要多吃含钙、磷丰富的食物。

樱桃西红柿柳橙汁

材料

西红柿半个，柳橙1个，樱桃300克

做法

❶ 将柳橙洗净，对切，榨汁。

❷ 将樱桃、西红柿洗净，切小块，放入榨汁机榨汁，用滤网滤去残渣。

❸ 将做法1及做法2的果汁混合搅匀即可。

银耳马蹄汤

材料

银耳150克，马蹄12颗，枸杞子10克

调料

冰糖适量

做法

❶ 将银耳放入冷水中泡发、洗净。

❷ 锅中加入清水烧开，放入银耳、马蹄煲30分钟。

❸ 待熟后，加入枸杞子，放入冰糖烧至溶化即可。

苹果西红柿双菜优酪乳

材料

生菜50克，芹菜50克，西红柿1个，苹果1个，优酪乳250毫升

做法

① 生菜洗净，撕成小片；芹菜洗净，切成段。

② 西红柿洗净，切成小块；苹果洗净，去皮、核，切成块。

③ 将所有材料倒入榨汁机内，搅打成汁即可。

枸杞南瓜粥

材料

南瓜20克，粳米100克，枸杞子15克

调料

白糖5克

做法

① 粳米泡发、洗净待用；南瓜去皮洗净，切块；枸杞子洗净。

② 净锅置于火上，注入清水，放入粳米，用大火煮至米粒绽开。

③ 放入枸杞子、南瓜，用小火煮至粥成，用白糖调味即成。

黄瓜胡萝卜粥

材料

大米90克。黄瓜、胡萝卜各15克

调料

食盐3克，味精适量

做法

① 大米泡发洗净；黄瓜、胡萝卜洗净，切成小块。

② 净锅置于火上，注入清水，放入大米，煮至米粒开花。

③ 放入黄瓜、胡萝卜，改用小火煮至粥成，用食盐、味精调味即可。

冬瓜豆腐汤

材料

冬瓜200克，豆腐100克，虾米50克

调料

香油3毫升，味精3毫升，高汤、食盐各适量

做法

❶ 将冬瓜去皮、瓤洗净，切片；虾米用温水浸泡洗净；豆腐切片备用。

❷ 净锅上火，倒入高汤，调入食盐、味精，加入冬瓜、豆腐、虾米煲至熟，淋入香油即可。

鸡肉杏仁粥

材料

鸡脯肉300克，豌豆、杏仁片、青椒丁各30克

调料

食盐、牛奶、蒜蓉、花生油、奶油各适量

做法

❶ 鸡脯肉洗净切丝；豌豆洗净，入开水锅中煮熟，捞起沥水备用。

❷ 净锅注油烧热，放入蒜蓉、鸡脯肉炒香，加入青椒、牛奶和食盐炒匀，盛入碗中。

❸ 将豌豆、杏仁片放入碗中，抹上一层奶油，再放入微波炉中烤15分钟即可。

豆芽草莓汁

材料

豆芽100克，草莓50克，柠檬1/3个，黑芝麻3克

做法

❶ 豆芽洗净备用；柠檬洗净，榨汁。

❷ 草莓洗净后去蒂，与豆芽一起放入搅拌机中，加入冷开水、黑芝麻，搅打均匀，再加入柠檬汁即可。

金针菇煎蛋汤

材料

鸡蛋3个，蟹肉条4条，金针菇50克

调料

香油8毫升，食盐5克，味精3克，姜、葱、花生油各适量

做法

❶ 将蟹肉条洗净后切成菱形段，姜切成片，葱切成葱花备用。

❷ 鸡蛋打入碗中，搅匀，加入少许食盐、鸡精调味，倒入油锅中煎成鸡蛋饼。

❸ 倒入清水，放入姜片、蟹肉条、金针菇煮熟，用食盐、香油、味精调味，撒上葱花即可。

三色圆红豆汤

材料

山药粉50克，红薯100克，芋头100克，糯米粉200克，红豆200克

调料

冰糖200克，红糖50克

做法

❶ 红豆洗净泡发，煮熟，加入冰糖拌溶即为红豆汤。

❷ 红薯、芋头洗净，去皮，分别蒸熟后拌入适量红糖至红糖溶化；在剩余的红糖中加入开水使其溶化，再和山药粉拌匀；糯米粉加水拌匀，分成3份，每份拌入1球糯米团和上述材料的其中一种材料，制作成三色圆。

❸ 将各色圆放入沸水中，煮至浮起后，捞出和红豆汤一起食用即可。

桃仁猪蹄汤

材料
猪蹄300克，核桃仁100克，花生米50克
调料
食盐、高汤各适量，味精3克
做法
❶ 猪蹄洗净、切块；核桃仁、花生米洗净备用。
❷ 炒锅上火，倒入高汤，放入猪蹄、核桃仁、花生米，调入食盐、味精，煲至熟即可。

沙葛薏米猪骨汤

材料
猪排骨300克，薏米、沙葛、枸杞子各30克
调料
食盐5克，葱花、姜末各6克，花生油、高汤各适量
做法
❶ 猪排骨洗净，剁块，焯水；薏米泡水洗净；沙葛去皮，洗净，切滚刀块；枸杞子洗净备用。
❷ 炒锅上火倒油，将葱、姜炝香，再倒入高汤，调入食盐，最后放入猪排骨、薏米、沙葛、枸杞子煲至熟即可。

翡翠玻璃冻

材料
海白菜400克，红椒圈40克
调料
盐、味精各3克，红油15毫升
做法
❶ 海白菜洗净，切条，与红椒圈同入开水锅中焯水后捞出摆盘。
❷ 红油加盐、味精调匀,淋在海白菜上即可。

03

健脑益智食谱

　　在婴幼儿和儿童时期,多吃些健脑食物,不仅对孩子的发育有利,还可为之后的学习与生活带来许多益处。所谓健脑食物,一是指富含脂肪的食物,二是指碱性食物,即含有钠、钾、钙、镁等元素的食物,三是指富含乙酰胆碱和核糖核酸的食物。本部分将为家长介绍有利于 0 ~ 7 岁儿童食用的健脑益智食谱。

婴儿期是脑细胞迅速发育的高峰期，为促进脑部发育，除了保证足够的母乳外，还需要妈妈给宝宝添加健脑食物，全面补充营养，为宝宝的未来打好基础。这个时期的婴儿可以适量食用如下食材制作的辅食：蛋黄中的卵磷脂是宝宝大脑发育不可缺少的物质，可制作蛋黄粥食用；动物的脑、心、肝和肾均含有丰富的蛋白质、脂肪等物质，是脑发育所必需的物质，有利于宝宝的智力和身体发育。

米汤

材料
大米50克

调料

1 将大米用清水洗净。

2 将大米沥干水分后，放入锅中，用清水浸泡30分钟。

3 将锅放至炉火上，用大火煮2分钟至水沸腾。

4 转小火熬煮至汤汁微白，熄火，加盖闷10分钟。

5 待米汤冷却，过滤出汤汁即可。

金银米汤

材料

大米90克，小黄米10克

做法

① 将小黄米和大米洗净并挑净沙粒。

② 将粥熬煮至汤汁微白并且变稠，熄火加盖闷约10分钟。

③ 用漏勺过滤出米粒，即成金银米汤。

枸杞核桃米浆

材料

大米60克，枸杞子、核桃仁各20克

调味

冰糖适量

做法

① 大米洗净，泡软；核桃仁、枸杞子洗净。

② 将大米、核桃仁和枸杞子放入豆浆机中，添水搅打成浆，装杯，加入冰糖调味即可。

青豆泥南瓜汤

材料

南瓜300克，青豆100克

调料

食盐、白糖、高汤各适量

做法

① 青豆洗净，在水中泡一会儿；南瓜去皮去瓤，洗净切小块。

② 果汁机洗净，分别放入南瓜和青豆搅拌成泥，各倒入一碗内。

③ 锅中倒入高汤烧热，放入南瓜，煮成糊状，再加食盐、白糖调味，盛出后倒上青豆泥即可。

芹菜胡萝卜汁

材料

芹菜100克，胡萝卜350克

调料

柠檬汁、蜂蜜各适量

做法

❶ 芹菜洗净，掐成段；胡萝卜洗净去皮，切块。

❷ 将芹菜、胡萝卜榨出汁水。

❸ 锅中烧水，倒入芹菜汁和胡萝卜汁煮沸，加入蜂蜜、柠檬汁，小火煮至再沸，倒出待凉即可。

包菜紫葡萄汁

材料

紫葡萄200克，包菜100克

调料

蜂蜜适量

做法

❶ 紫葡萄洗净去皮，切开去籽；包菜洗净，切碎片。

❷ 果汁机中放入紫葡萄、包菜搅打均匀，加入蜂蜜再搅拌一会儿。

❸ 用过滤网滤出汁水即可。

柳橙梨乳酪汁

材料

柳橙300克，梨100克，乳酪70克

调料

柠檬汁、蜂蜜各适量

做法

❶ 柳橙洗净，剥皮后掰成瓣；梨去皮去籽，洗净切块。

❷ 将柳橙、梨放入搅拌器中，搅成细末，加入柠檬汁、蜂蜜、乳酪搅匀。

❸ 用细筛网滤出汁水即可。

青豆玉米粉羹

材料

玉米粉、香米各50克，枸杞子15克，青豆15克

调料

盐3克

做法

❶ 香米泡发洗净；枸杞子、青豆洗净。

❷ 锅置火上，放入香米用大火煮沸后，边搅拌边倒入玉米粉。

❸ 再放入枸杞子、青豆，用小火煮至羹成，调入盐即可食用。

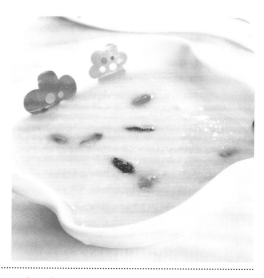

米糊

材料

婴儿米粉50克

调料

米汤140毫升

做法

❶ 将婴儿米粉装入碗中。

❷ 加入米汤。

❸ 用汤匙拌匀即可。

水梨米汤

材料

水梨30克

调料

米汤140毫升

做法

❶ 将水梨洗净，去皮、去籽。

❷ 用研磨器将水梨磨成泥，过滤出汤汁。

❸ 将水梨汁和米汤搅拌均匀即可。

2～3岁幼儿

对1～3岁的宝宝来说，加强宝宝左半身活动是开发右脑的最好方式，这个时期他们左右脑发育已处于活跃期，可以多鼓励宝宝绘画及多使用左手拿物品，用左耳听音乐，增加左视野游戏等。就食物上来讲，除了0～1岁的食物可食用外，还可以适量添加稍浓的糊、软饭，锻炼孩子的咀嚼能力。

葡萄柚汁

材料
葡萄柚400克
调料
红糖适量
做法
❶ 葡萄柚洗净，切开取果肉。
❷ 将果肉放入搅拌器中打成泥，滤出汁水。
❸ 杯洗净，将温开水、葡萄柚汁倒入，加红糖搅至糖溶化即可。

水梨汁

材料
水梨250克
调料
葡萄糖适量
做法
❶ 水梨洗净削皮，去核后切小块。
❷ 将水梨块放入电动搅拌机中，通上电搅打至无颗粒状。
❸ 将开水、水梨汁倒入杯子，加葡萄糖拌匀即可。

蜜枣汁

材料

蜜枣200克

调料

葡萄糖浆15毫升

做法

❶ 蜜枣表皮洗净，划上花刀，放入凉开水中浸泡10分钟。

❷ 取出蜜枣，剥去表皮，去核后放入搅拌器内，加适量温开水打成泥，滤出纯净的蜜枣汁。

❸ 将蜜枣汁倒进杯子，加葡萄糖浆搅匀即可。

胡萝卜山药鲫鱼汤

材料

鲫鱼1尾，山药40克，胡萝卜30克

调料

盐5克，葱段、姜片各2克

做法

❶ 将鲫鱼治净；山药、胡萝卜去皮洗净，切块备用。

❷ 净锅上火倒入水，下入鲫鱼、山药、胡萝卜、葱、姜煲至熟，调入盐即可。

西红柿汁

材料

西红柿150克

调料

红糖适量

做法

❶ 西红柿去蒂洗净，沥干水后切开。

❷ 搅拌器中放入西红柿，倒入温开水，加红糖搅成汁。

❸ 用过滤网滤出汁水即可。

胡萝卜鱿鱼煲

材料

鱿鱼300克，胡萝卜100克

调料

花生油10毫升，精盐少许，葱段、姜片各2克

做法

① 将鱿鱼处理干净切块，汆水；胡萝卜去皮洗净，切成小块备用。

② 净锅上火倒入花生油，将葱段、姜片爆香，下入胡萝卜煸炒，倒入水，调入精盐煮至快熟时，下入鱿鱼再煮至熟即可。

胡萝卜豆浆

材料

黄豆50克，胡萝卜30克

做法

① 黄豆加水泡软，洗净；胡萝卜洗净，切成黄豆大小。

② 将黄豆和胡萝卜倒入豆浆机中，加入清水搅打成浆，煮沸后滤出豆浆，装杯饮用即可。

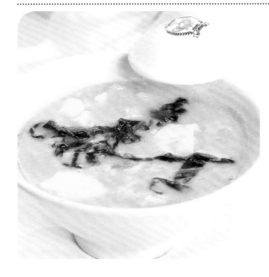

豆腐菠菜玉米粥

材料

玉米粉90克，豆腐30克，菠菜10克

调料

食盐2克，味精1克，香油5毫升

做法

① 菠菜洗净；豆腐洗净切块。

② 净锅置于火上，注水烧沸，放入玉米粉，用筷子搅匀。

③ 放入菠菜、豆腐煮至粥成，调入食盐、味精，滴入香油即可。

山药芝麻小米粥

材料

小米70克，山药50克，黑芝麻5克

调料

食盐2克，葱8克

做法

❶ 小米泡发洗净；山药洗净切丁；黑芝麻洗净；葱洗净切葱花。

❷ 净锅置于火上，倒入清水，放入小米、山药同煮至水开。

❸ 加入黑芝麻同煮，至粥浓稠，调入食盐拌匀，撒上葱花即可。

香蕉玉米粥

材料

大米80克，香蕉、玉米粒、豌豆各15克

调料

冰糖12克

做法

❶ 大米泡发洗净；香蕉去皮切片；玉米粒、豌豆洗净。

❷ 净锅置于火上，注入清水，放入大米，用大火煮至米粒绽开。

❸ 放入香蕉、玉米粒、豌豆、冰糖，用小火煮至粥成闻见香味时即可。

银耳山药羹

材料

山药200克，银耳100克

调料

白糖15克，水淀粉15毫升

做法

❶ 山药去皮，洗净，切小丁；银耳洗净，用水泡2小时至软，然后去硬蒂，切细末。

❷ 砂锅洗净，将所有材料放入锅中，倒入3杯水煮开，再加入白糖调味，最后加入水淀粉勾薄芡，搅拌均匀即可。

虾皮粥

材料

虾皮15克，莴笋50克，珍珠香米400克

调料

食盐5克，味精6克，香油10毫升，猪油15克

做法

① 将虾皮、莴笋分别洗净，莴笋尖切细粒，珍珠香米淘洗干净，葱择洗净切花。

② 锅内加入清水烧开，放入珍珠香米，大火烧开后改用小火熬至粥熟。

③ 放入莴笋、虾皮、猪油、食盐煮成粥，调入味精、香油搅匀即成。

蟹肉煲豆腐

材料

螃蟹50克，日本豆腐50克，干贝5克

调料

食用油、盐、淀粉、葱各适量

做法

① 螃蟹蒸熟、拆肉；葱洗净切末；日本豆腐切成棋子形状。

② 蟹肉下锅煎炒起锅备用；日本豆腐下锅煎至金黄色，再放入蟹肉稍炒。

③ 用淀粉勾兑芡汁打芡，放入盐、油调味，撒上干贝、葱花即可。

雪菜豆腐汤

材料

豆腐400克，咸雪菜100克

调料

食盐、葱花、花生油、香油、鲜汤各适量

做法

1. 雪菜洗净切末，挤去水分。
2. 豆腐切小丁后下沸水中稍焯。
3. 锅上大火，加油烧热，放入雪菜炒出香味，加入鲜汤和豆腐丁烧沸，改小火炖15分钟，放入葱花，加食盐、香油搅匀即可。

双丸青菜汤

材料

草鱼肉丸、羊肉丸各150克，青菜50克

调料

清汤、食盐各适量

做法

1. 将鱼肉丸、羊肉丸稍洗；青菜洗净备用。
2. 净锅上火，倒入清汤，放入鱼肉丸、羊肉丸，煲至熟，再撒入青菜，调入食盐即可。

学龄前的孩子，要储备足够的营养，健脑成为重要项目。孩子的智力发展和大脑的发育都与营养有着密切的关系。做父母的都希望自己的孩子聪明伶俐，不惜重金购买营养品，其实，许多日常生活中的食品才是真正益智健脑的"高手"。鱼类中富含的蛋白质，如球蛋白、白蛋白、含磷的核蛋白，不饱和脂肪酸、铁、维生素 B_{12} 等成分，都是幼儿脑部发育所必需的营养。

南瓜香椰奶

材料

南瓜200克，椰奶、鲜奶各100毫升

调料

蜂蜜适量

做法

❶ 南瓜去瓤去皮，洗净切块，放进蒸笼中蒸熟，取出。

❷ 将蒸熟的南瓜与蜂蜜、椰奶、鲜奶一起放入果汁机中，搅打均匀。

❸ 倒出即可饮用。

绿豆沙五谷奶

材料

绿豆150克，鲜奶300毫升

调料

细砂糖、五谷粉各适量

做法

❶ 绿豆洗净，浸泡15分钟，捞出沥干，放入碗中，加细砂糖拌匀，上蒸笼蒸熟，取出。

❷ 将五谷粉、鲜奶、蒸熟的绿豆倒入果汁机中，搅拌均匀。

❸ 倒出即可。

牛肉披萨

材料

牛肉200克，乳酪40克，圣女果1颗，面粉少许

调料

盐、胡椒粉、番茄酱、蒜蓉各适量

做法

❶ 番茄酱加胡椒粉、蒜蓉做成披萨酱汁；牛肉洗净，切分为两半，用胡椒粉、盐、面粉抹匀；圣女果洗净，入开水锅中焯片刻，捞出去皮，对切为二。

❷ 起油锅，放入牛肉煎熟，盛入盘中，淋入披萨酱汁，再放上乳酪和少许油。

❸ 烤箱预热至170℃，将盘放入烤箱中，烘烤至乳酪溶化为止，取出，摆上圣女果即可。

年糕披萨

材料

年糕200克，牛肉末、火腿、香肠、青椒、洋葱各适量

调料

乳酪块、奶油各70克，盐、番茄酱、辣椒油各少许

做法

❶ 年糕洗净，切薄片；牛肉末加盐腌渍入味；火腿切细；香肠切圈；青椒洗净切花；洋葱洗净切细。

❷ 锅中倒入奶油加热至融化，放入牛肉末、火腿、香肠、洋葱、青椒翻炒片刻，加入番茄酱、辣椒油调味成披萨酱汁，熄火备用。

❸ 将年糕摆在盘中，淋上披萨酱汁，放上乳酪块；将盘放入烤箱中烤至金黄色即可。

炒鲭鱼番茄酱

材料

鲭鱼300克，青椒、胡萝卜、洋葱、水面粉各适量

调料

食用油、盐、酱油、生姜汁、番茄酱、水淀粉各适量

做法

1. 鲭鱼处理干净，切块后用生姜汁腌渍入味，再用水面粉挂糊；青椒去籽，洗净切片；胡萝卜洗净，切星形；洋葱去衣，洗净切片。
2. 起油锅，放入鲭鱼炸熟，捞出沥油；锅底留油，放入青椒、胡萝卜、洋葱炒熟，再放入鲭鱼翻炒一会。
3. 加盐、酱油、番茄酱调味，用水淀粉勾薄芡，盛入盘中即可。

鸽子汤

材料

鸽子500克，西洋参20克，枸杞子10克

调料

葱、料酒、食盐各适量

做法

1. 鸽子去毛去内脏洗净；葱洗净切段；西洋参洗净，去皮切片。
2. 砂锅中放入清水，加热煮至沸腾，放入葱、料酒转小火炖90分钟。
3. 放入西洋参、枸杞子再炖20分钟，加入食盐调味即可。

酸辣黄瓜

材料

黄瓜300克，生菜50克，红椒、青椒20克

调料

食盐3克，葱白丝5克，蒜10克，香油、白醋各适量

做法

❶ 黄瓜洗净，切片；生菜洗净备用；青椒去蒂洗净，切丝；红椒去蒂洗净，一半切丝，一半切丁；蒜去皮洗净，切碎。

❷ 锅内入水烧开，将生菜焯水后铺在盘中。

❸ 将黄瓜与蒜末、红椒丁、食盐、香油、白醋拌匀，放在生菜叶上。

❹ 用青椒丝、红椒丝、葱白丝点缀即可。

炸乳酪茄子

材料

茄子150克，乳酪、鸡蛋各50克，面粉、大麦粉各30克

调料

花生油、食盐各适量

做法

❶ 茄子洗净，切成段，再改成长条，用刀划开，放入乳酪；鸡蛋打入碗中，撇入食盐，拌成蛋液。

❷ 茄子上按顺序裹上面粉、蛋液、大麦粉。

❸ 净锅注油烧热，放入茄子炸成金黄色，捞出沥油即可。

芥蓝豆腐

材料

芥蓝、豆腐各200克，鸡脯肉100克，红椒50克

调料

葱15克，蒜10克，黑豆、甘草、水淀粉、金银花、料酒、花生油各适量

做法

① 将黑豆、金银花、甘草以3碗水煎煮成1碗；鸡脯肉、芥蓝与豆腐洗净后均切丁；红椒洗净，切块；葱、蒜洗净后切粒。

② 将鸡脯肉用料酒、食盐和淀粉均匀拌腌20分钟，再入热油锅中滑熟，捞出沥去油分。

③ 将葱、蒜粒爆香，加入红椒略炒，再加入芥蓝与药汁煮开后，用水淀粉勾芡，倒入豆腐与鸡丁煮2分钟即可。

虾仁荷兰豆

材料

荷兰豆200克，鲜虾仁100克，香菇、红椒条各少许，鸡蛋1个

调料

食盐3克，蒜末5克，花生油、香油各适量

做法

① 虾仁、荷兰豆、香菇洗净备用。

② 水烧开，将荷兰豆、香菇、红椒焯熟，捞出沥干，加入食盐、蒜末、香油拌匀，摆盘。

③ 起油锅，下入虾仁炸至酥脆，捞出摆盘。

④ 锅底留油，入蛋黄煎成蛋皮，盛出待凉，卷成卷，将下端切成丝状摆在红椒下方即可。

虾米节瓜羹

材料

虾米20克，节瓜50克，红枣3个，大米50克

调料

食盐3克，鸡精1克，胡椒粉1克，姜5克，葱3克

做法

1. 节瓜去皮，洗净，切丝；虾米洗净备用；姜去皮，洗净切丝；葱洗净切葱花；红枣去核切碎备用。

2. 锅中注入适量清水，加入姜丝、枣丝，大火烧沸后，放入洗净的大米，再次烧沸，再用慢火熬煮。

3. 熬至米粒软烂时，放入虾米、节瓜丝，继续煮至成米糊状，最后调入食盐、鸡精、胡椒粉，撒上葱花即可。

益智仁鸡汤

材料

腊鸡翅200克，党参10克，益智仁10克，五味子10克，枸杞子15克，竹荪5克，鲜香菇20克

调料

食盐15克

做法

1. 将材料分别洗净，益智仁用棉布袋包起备用。

2. 鸡翅洗净，剁小块；竹荪泡软，挑除杂质，洗净后切段。

3. 将党参、益智仁、五味子、枸杞子、鸡翅、香菇和水一起放入锅中，炖煮至鸡肉熟烂，放入竹荪，煮约10分钟，加入食盐调味即可。

南北杏苹果生鱼汤

材料

苹果450克，生鱼500克，南杏仁、北杏仁各25克，猪瘦肉150克，红枣5克

调料

食盐5克，姜2片，花生油适量

做法

1. 生鱼洗净；炒锅下油，爆香姜片，将生鱼两面煎至金黄色。
2. 猪瘦肉洗净，氽水；南、北杏仁用温水浸泡，去皮、尖；苹果去皮、籽，一个切成4块。
3. 将清水放入瓦煲内，煮沸后加入所有原材料，用大火煲沸后，改用小火煲150分钟，加入食盐调味即可。

香芹油豆丝

材料

香芹、油豆腐各150克

调料

红椒15克，食盐3克，味精5克，香油、老抽各10毫升

做法

1. 香芹洗净，切成段，放入开水中烫熟，沥干水分；油豆腐洗净，切成丝，入锅烫熟后捞起；红椒洗净，切成丝，放入沸水中焯一下。
2. 将食盐、味精、老抽调成味汁，再将香芹、油豆腐丝、红椒加入味汁一起拌匀，淋上香油，盛盘即可。

芝麻莴笋丝

材料

莴笋300克，熟黑芝麻适量

调料

食盐3克，味精1克，白醋6毫升，生抽10毫升

做法

① 莴笋去皮洗净，切丝。

② 锅内注水烧沸，放入莴笋丝焯熟后，捞起沥干并盛入盘中。

③ 加入食盐、味精、白醋、生抽拌匀，撒上熟黑芝麻即可。

脆皮黄瓜卷

材料

黄瓜500克

调料

姜、干辣椒、白醋、糖、食盐、香油各适量

做法

① 把洗净的黄瓜切成段，沿着黄瓜皮往里削，尽量不要削断了，让整段黄瓜削完后是一张完整的黄瓜皮。

② 把削好的黄瓜再卷回原来的样子装盘；姜去皮洗净，切成丝；干辣椒洗净，切丝。

③ 将调味料一起放进碗里拌匀，调成汁，淋在黄瓜卷上面即可。

香糟毛豆

材料

鲜毛豆荚300克,糟卤500毫升

调料

食盐3克,香叶2片,绍酒50毫升

做法

① 新鲜毛豆荚剪去两端,洗净放入开水中煮熟,捞出后放入冷水中冲凉备用。

② 将糟卤、食盐、香叶、绍酒放在一起调匀。

③ 将毛豆节放入糟卤中,待其入味即可。

豉香青豆

材料

青豆100克

调料

红尖椒、豆豉、食盐、香油、味精各适量

做法

① 青豆洗净,放入沸水锅中略烫捞出;红尖椒洗净切片。

② 锅内注油烧热,加入豆豉煸香,加入青豆、食盐、味精炒匀,淋上香油,最后以红尖椒点缀即可。

排骨丝瓜汤

材料

丝瓜200克，西红柿150克，卤排骨100克

调料

高汤适量，白糖2克，食盐3克，料酒4毫升

做法

❶ 将西红柿洗净切块；丝瓜去皮，洗净切滚刀块。

❷ 汤锅上火，倒入高汤，调入食盐、白糖、料酒，放入西红柿、丝瓜、卤排骨煲至熟即可。

三丝汤

材料

香菇10克，豆腐30克，大白菜10克

调料

食盐、香油、味精各适量

做法

❶ 豆腐切丝；白菜洗净切丝；香菇洗净。

❷ 将水煮开，加入切好的豆腐、白菜和香菇，炖煮一会儿。

❸ 起锅时放入少许香油、食盐和味精即可。

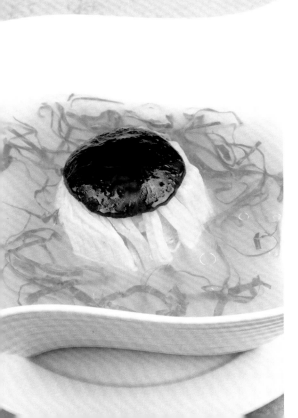

04

增强免疫力食谱

　　刚出生时宝宝不易生病，是因为他们的体内有从母体带来的免疫球蛋白；而6个月后这些抗体逐渐消失，免疫力下降，便容易生病。因此，除了给孩子打疫苗外，还应该通过日常饮食加以调理，以提高孩子的免疫力。

0～1岁婴儿

宝宝到了6个月时，之前从母体带来的抗体逐渐减少，其自身的抵抗能力还没有完全建立。这时候的孩子容易出现一些上呼吸道感染疾病，最常见的是扁桃体发炎。父母应在这段时期对孩子的饮食和生活特别重视，采取积极有效的措施增强孩子的体质，提高孩子对疾病的抵抗力。

哈密瓜汁

材料
哈密瓜200克
调料
鲜奶适量
做法
❶ 哈密瓜去皮洗净，切大块后改刀成小块。
❷ 将哈密瓜放入果汁机中搅拌成泥。
❸ 将哈密瓜泥、鲜奶、凉开水一起混合均匀即可。

水果配方奶

材料
奇异果150克
调料
配方奶适量
做法
❶ 奇异果洗净，去皮。
❷ 将奇异果放入磨泥器中磨成泥，再滤出果汁。
❸ 取奇异果汁放入配方奶中搅拌均匀即可。

糯米莲子山药汁

材料
糯米80克，莲子、山药、红枣各20克
调料
白糖适量
做法
❶ 糯米洗净，浸泡；莲子洗净，去莲心；山药洗净，去皮切块；红枣泡发，去核。
❷ 将糯米、莲子、山药、红枣放入豆浆机中，注水搅打煮沸成汁，滤出，加入白糖拌匀即可。

大骨汤

材料
猪大骨350克
调料
食盐适量
做法
❶ 猪大骨用水冲洗，用热水焯烫，去除血渍，洗净。
❷ 瓦煲注水，下猪大骨大火烧沸，撇出表面浮沫，再改小火炖2小时。
❸ 加食盐调味，用网筛滤取汤汁，待凉后即可饮用。

蔬菜高汤

材料
包菜、洋葱各100克，胡萝卜50克
调料
食盐适量
做法
❶ 包菜洗净，撕成小片；洋葱洗净，掰开成片；胡萝卜洗净，切片。
❷ 锅中注水烧开，将洋葱、胡萝卜放入炖煮20分钟，再将包菜放入，用中火熬煮至软，加食盐调味。
❸ 将煮好的汤用过滤网过滤即可。

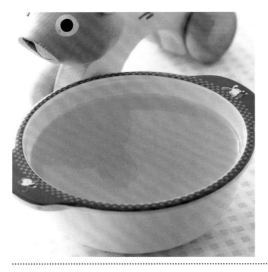

鸡骨高汤

材料

鸡胸骨350克

做法

❶ 鸡胸骨洗净后，下入沸水锅中焯烫去血水，再洗净备用。

❷ 将鸡胸骨、水一起煮沸，再转小火熬煮至鸡胸骨可以压碎的程度。

❸ 去除鸡胸骨，过滤出汤汁，待凉后放入冰箱，用时将上面的油脂刮除即可。

鲜鱼高汤

材料

鱼头1个

调料

食盐、姜各适量

做法

❶ 鱼头洗净，取出鱼鳃，用流水再次冲洗5分钟；姜去皮洗净，切片。

❷ 锅中倒入清水，将鱼头、姜一起放入，煲沸，改小火炖至烂熟。

❸ 加食盐调味后用细网筛过滤，待凉即可饮用。

核桃花生麦片米糊

材料

大米90克，花生米、核桃仁、燕麦片各25克

做法

❶ 大米洗净，浸泡至软；花生米、核桃仁洗净，泡软。

❷ 将所有材料放入豆浆机中，搅打成糊，盛出即可。

桑葚黑芝麻糊

材料

桑葚60克，大米30克，黑芝麻5克

调料

白糖适量

做法

❶ 将桑葚洗净，去掉茎部；黑芝麻、大米分别研磨成粉。

❷ 锅中注水烧开，倒入所有材料搅煮，煮成糊状后，加入白糖调味即可。

红豆山楂米糊

材料

大米100克，红豆50克，山楂25克

调料

红糖适量

做法

❶ 红豆洗净，泡软；大米洗净，浸泡；山楂洗净，去蒂、核，切小块。

❷ 将上述材料放入豆浆机中，搅打成糊后盛出，加入红糖搅拌均匀即可。

蔬菜鸡肉麦片糊

材料

速溶麦片50克，白菜、鸡脯肉各30克

调料

鸡骨高汤300毫升，食盐适量

做法

❶ 白菜洗净，撕成小片；鸡脯肉洗净，剁细后加入食盐腌渍入味。

❷ 将白菜与鸡脯肉放入碗中抓匀，上蒸笼蒸熟，取出。

❸ 将鸡骨高汤加热，倒入碗中，加入速溶麦片，搅成糊即可。

2 ~ 3 岁幼儿

这个时期的宝宝处于不断的生长发育阶段，对营养素的需求量相对较多。但由于消化功能未完全成熟，而且食谱往往比较单调，故容易发生营养素的缺乏，造成营养不足，抵抗力就比较差。这个时期的孩子，可以多吃一些富含维生素C的新鲜绿色蔬菜和水果，或补充一些多元维生素，这样便能有效地增强孩子的抵抗力。

葡萄菠萝优酪乳

材料
菠萝200克，葡萄、苹果各50克
调料
蜂蜜、优酪乳、柠檬汁各适量
做法
1 葡萄洗净去皮，切开后去籽；苹果去皮洗净，切块；菠萝去皮，洗净切丁。
2 果汁机洗净，放入葡萄、苹果、菠萝搅打成泥，倒入杯中。
3 加蜂蜜、优酪、柠檬汁拌匀即可。

杨梅汁

材料
杨梅60克
调料
蓝姆汁适量
做法
1 将杨梅洗净，取肉，放入搅拌机中，再加入蓝姆汁一起搅拌均匀。
2 将拌好的汁倒入杯中即可。

花生豆浆

材料

黄豆50克，花生米35克

调料

冰糖适量

做法

❶ 将黄豆泡软，洗净；花生米洗净。

❷ 将黄豆、花生米放入豆浆机中，加水搅打成豆浆，烧沸后滤出，再加少许冰糖调味即可。

红枣花生豆浆

材料

红豆、花生米各40克，红枣2颗

调料

冰糖适量

做法

❶ 红豆泡软，捞出洗净；花生米挑去杂质，洗净；红枣去核，洗净。

❷ 将红豆、花生米、红枣放入豆浆机中，添水搅打成豆浆，烧沸后滤出，加入冰糖调味即可。

山药莲子米浆

材料

大米50克，山药30克，莲子10克

调料

冰糖适量

做法

❶ 大米洗净，浸泡；山药去皮，洗净切块，泡入清水里；莲子泡软，去心洗净。

❷ 将大米、山药、莲子放入豆浆机中，添水，搅打成浆，装杯，加入冰糖调味即可。

糙米花生浆

材料

糙米50克，薏米30克，花生米10克

调料

冰糖适量

做法

❶ 糙米、薏米洗净，浸泡好；花生米洗净。

❷ 将上述材料放入豆浆机中，添水搅打成浆，装杯，加入冰糖调味即可。

银耳木瓜羹

材料

西米100克，银耳50克，木瓜、红枣各10克

调料

白糖25克

做法

❶ 西米泡发洗净，放入电饭锅中，加入适量清水。

❷ 将银耳泡发，撕成小朵，放入锅中。

❸ 加入白糖和红枣，拌匀；木瓜去皮、籽，洗净，切块，放入锅中。

❹ 加盖煮30分钟即可。

莲子银耳桂蜜汤

材料

莲子30克，银耳7.5克

调料

桂花蜜、冰糖各适量

做法

❶ 银耳泡开，去除杂质，撕成小朵；莲子洗净，去除莲心，用水泡发。

❷ 净锅置于火上，加入莲子，大火煮沸，转入小火，快熟时加入银耳及冰糖，煮至熟，放凉后移入冰箱，吃之前加桂花蜜并加热即可。

爽口狮子头

材料

猪肉250克，马蹄、鸡蛋、豌豆尖各50克

调料

食盐3克，老抽5毫升，白醋10毫升，香油5毫升

做法

❶ 猪肉、马蹄洗净，剁碎；豌豆尖洗净。

❷ 肉碎装碗，打入鸡蛋液，加入马蹄碎、食盐、老抽，搅拌至有黏性，捏成肉丸子。

❸ 水烧沸，下入丸子煮至熟，再入豌豆尖略煮，最后调入食盐、白醋煮至入味起锅，淋入香油即可。

金针菇瘦肉汤

材料

猪瘦肉150克，金针菇100克

调料

食盐、香油、花生油、葱、姜、香菜、红椒、高汤各适量

做法

❶ 将猪瘦肉洗净、切丁；金针菇、香菜去根洗净，切段；红椒洗净，切圈。

❷ 锅上火，倒油烧热，将葱、姜爆香，放入红椒略炒，再下入猪瘦肉煸炒，倒入高汤、金针菇，调入食盐，大火烧开，淋入香油，撒入香菜即可。

猪肝土豆泥

材料

土豆80克，猪肝20克

调料

食盐1克

做法

❶ 猪肝先用清水冲洗10分钟，再浸泡半小时，最后放入沸水中煮熟。

❷ 土豆去皮洗净，放入蒸锅中蒸熟。

❸ 将熟制的猪肝切成碎末混入土豆中，调入食盐，加温水拌匀即可。

苦瓜黄豆排骨汤

材料
苦瓜200克，猪排骨50克，黄豆60克
调料
食盐6克，料酒8毫升，鸡精5克，高汤500毫升，生抽4毫升，花椒粉3克，葱20克，姜10克

做法
1. 将排骨洗净，改刀成段；苦瓜去瓤洗净，切块；黄豆洗净；葱洗净切段；姜洗净切片。
2. 锅中注油烧至五成热，倒入排骨段、姜片翻炒，再调入料酒、生抽、高汤、花椒粉、葱段、黄豆、食盐、苦瓜块。
3. 煮开后倒入砂锅中，炖至排骨肉骨分离即可。

银鱼土豆泥

材料
土豆泥100克，银鱼30克
调料
鸡汤适量
做法
1. 将银鱼洗净并处理好。
2. 将鸡汤倒入锅中，放入银鱼煮熟。
3. 将土豆泥放入碗中，起锅倒入银鱼，趁热拌匀即可。

综合果汁

材料
香蕉200克，木瓜150克，香瓜、番石榴各100克
调料
白糖6克
做法
1. 香蕉去皮，切长段；木瓜、香瓜均洗净去皮，切开去籽，再改切小块；番石榴洗净，切块。
2. 搅拌器洗净，放入香蕉、木瓜、香瓜、番石榴，搅打均匀，倒入杯中。
3. 加入白糖搅匀，即可饮用。

玉米核桃泥

材料
玉米粉300克，核桃50克，鸡蛋1个
调料
白糖5克，花生油适量
做法
1. 核桃取肉，炒香，碾碎。
2. 用油将玉米粉炒香。
3. 鸡蛋打碎，加入水，倒入玉米粉中，继续用小火炒，最后撒上核桃粒，调入白糖即可。

三鲜烩鸡片

材料

蟹柳150克，鸡肉150克，玉米笋80克，竹笋80克，香菇80克，西红柿2个，上汤200毫升

调料

食盐、味精各适量

做法

1. 所有原料洗净，鸡肉切片，玉米笋切菱形片，蟹柳切菱形，香菇切片，西红柿去皮切片，竹笋切小段。
2. 将玉米笋、蟹柳、香菇、西红柿、竹笋焯水。
3. 净锅置大火上注油，下入鸡肉略炒，再把焯过水的材料一起炒匀至熟，倒入上汤，煨至菜入味，加调味料起锅即可。

红枣蒸南瓜

材料

老南瓜500克，红枣10颗

调料

白糖10克

做法

1. 将南瓜削去硬皮，去瓤后切成厚薄均匀的片；红枣泡发洗净备用。
2. 将南瓜片装入盘中，加入白糖拌匀，摆上红枣。
3. 蒸锅上火，放入备好的南瓜，蒸约30分钟，至南瓜熟烂即可出锅。

洛神甘蔗茶

材料

甘蔗600克，洛神花10克

调料

红糖适量

做法

❶ 甘蔗洗净，剁成5厘米长的小段，放入榨汁机中榨出汁，倒出备用；洛神花洗净。

❷ 锅中倒入适量清水，放入洛神花煮沸，改小火再煮10分钟，去渣后倒入甘蔗汁搅匀。

❸ 加入红糖煮至红糖溶化，待凉即可。

山楂茶

材料

山楂20克，决明子、甘草各10克

调料

蜂蜜适量

做法

❶ 山楂去蒂洗净；决明子、甘草均洗净。

❷ 净锅注水烧热，放入山楂、决明子、甘草煮沸，熄火。

❸ 用细纱布滤出茶水，拌入蜂蜜即可。

狝猴桃茶

材料

狝猴桃2个，红枣20克

调料

红茶5克

做法

❶ 狝猴桃洗净去皮，切成小块；红枣去核洗净备用。

❷ 将狝猴桃与红枣加水煮沸。

❸ 当汤汁变浓时加入红茶，煮1分钟即可饮用。

4～7岁学龄前儿童

孩子进入幼儿园后，活动能力提高，所需食物的分量也要增加，可逐步让孩子进食一些粗粮类食物，还要引导孩子养成良好又卫生的饮食习惯，以提高孩子的免疫功能。此外，可以给这个时期的儿童提供少量有营养的零食。

腰豆鹌鹑煲

材料
南瓜200克，鹌鹑1只，红腰豆50克
调料
盐6克，味精2克，姜片5克，高汤适量，香油3毫升
做法
❶ 将南瓜去皮、籽，洗净切滚刀块；鹌鹑治净剁块汆水备用；红腰豆洗净。
❷ 炒锅上火倒入油，将姜炝香，下入高汤，调入盐、味精，加入鹌鹑、南瓜、红腰豆煲至熟，最后淋入香油即可。

芹菜拌花生米

材料
芹菜250克，花生米200克
调料
花生油、芝麻酱各适量，食盐3克，味精1克
做法
❶ 将芹菜洗净，切碎，入沸水锅中焯水，沥干装盘；花生米洗净，沥干。
❷ 炒锅注入适量花生油烧热，倒入花生米炸至表皮泛红色后捞出，沥油，倒在芹菜中。
❸ 加入食盐和味精搅拌均匀，再加入芝麻酱即可。

蘑菇肉片汤

材料

蘑菇250克，猪瘦肉150克

调料

鲜汤、鸡油、葱各适量，姜10克，胡椒3克，味精5克，食盐3克

调料

1. 蘑菇洗净，改刀成块；猪瘦肉切成片；姜洗净切末；葱洗净切葱花。
2. 净锅置于大火上，掺入鲜汤，烧开后放入蘑菇、肉片同煮约10分钟。
3. 调入盐、味精、胡椒、姜末、葱花，淋上少许鸡油即成。

栗子桂圆炖猪蹄

材料

栗子200克，桂圆100克，猪蹄2只

调料

食盐3克

做法

1. 栗子入沸水中煮5分钟，捞起去膜，洗净沥干；猪蹄剁件，入沸水中氽烫捞起，再冲净一次。
2. 将栗子、猪蹄盛入炖锅，加清水至盖过材料，以大火煮开，转小火炖约30分钟。
3. 桂圆剥散，加入炖锅中续煮5分钟，再加入食盐调味即可。

凉拌贡菜

材料

干贡菜100克，青椒1/2个，红椒1/2个

调料

陈醋5毫升，辣椒油、香油各3毫升，食盐、白糖、味精、鸡粉各2克，花生油5毫升，辣椒酱3克

做法

① 将干贡菜洗净后放入温水中浸泡30分钟，青椒、红椒洗净，切成丝。

② 将泡开的贡菜放在水中煮15分钟，捞出沥干水分；青椒、红椒丝用开水稍稍烫过。

③ 将贡菜加入青椒丝、红椒丝和所有调味料，拌匀即可。

双萝拌刺老芽

材料

刺老芽200克，胡萝卜、心里美萝卜各50克

调料

食盐、味精各2克，生抽10毫升，大蒜适量

做法

① 刺老芽择洗干净，切去尾部；胡萝卜、心里美萝卜洗净，切丝；大蒜去皮洗净，剁成蓉。

② 锅内注水烧沸，放入刺老芽、胡萝卜、心里美萝卜丝焯熟，捞起沥水并装盘。

③ 将食盐、味精、生抽、蒜蓉拌匀，装入小碟供蘸食即可。

凉拌芦笋

材料

芦笋300克，金针菇200克

调料

食盐2克，白醋、老抽、香油、红椒、葱各适量

做法

1. 芦笋洗净，对半切段；金针菇洗净；红椒、葱洗净切丝。
2. 将芦笋、金针菇下入沸水中焯熟，摆盘，撒入红椒丝和葱丝。
3. 净锅注适量清水烧沸，倒入老抽、白醋、香油、食盐调匀，淋入盘中即可。

黄焖朝珠鸭

材料

鸭肉300克，鹌鹑蛋200克，草菇50克，胡萝卜30克

调料

葱2根，姜1块，料酒、盐、淀粉各5克，胡椒粉4克

做法

1. 鸭肉洗净剁块；胡萝卜洗净削球形；葱洗净切段；姜洗净切片。
2. 鹌鹑蛋煮熟后，剥去蛋壳；鸭肉块汆烫熟，滤除血水备用。
3. 油锅烧热，入姜片、葱段爆香，加鸭肉、草菇、胡萝卜炒熟，调入料酒、盐、胡椒粉，加入鹌鹑蛋，用淀粉勾芡即可。

芝麻酱青葱

材料

青葱500克

调料

老抽10毫升，果糖5克，芝麻酱10克，食盐、
花生油各适量

做法

❶ 青葱去根须，洗净，将葱白、葱青分开并
切段。

❷ 清水煮沸，加少许食盐和几滴花生油，放
入葱段烫熟，捞起，轻轻拧干后切长段，
盛盘。

❸ 在芝麻酱中加入老抽、果糖和适量温水拌
匀，淋在葱上即成。

圣女果围芦笋

材料

圣女果150克，芦笋100克

调料

西红柿酱20克，鸡精2克，食盐、白糖各3
克，花生油适量

做法

❶ 圣女果洗净对切，摆盘；芦笋洗净切小
段，再对切。

❷ 将切好的芦笋入沸水中焯至断生，捞出。

❸ 净锅上火注油，倒入西红柿酱，放入芦笋
翻炒均匀，再放入圣女果，加入其他调味
料炒熟，最后盛入装圣女果的盘中即可。

糖醋包菜

材料

包菜400克，红椒20克

调料

白糖、白醋、老抽、蚝油、香油各适量，食盐3克，鸡精1克

做法

1. 将包菜洗净，用手撕成大片；红椒洗净，切丝。
2. 炒锅注油烧热，放入包菜烩炒，再加入红椒丝、白醋、老抽、蚝油、香油、白糖、食盐和鸡精炒至入味。
3. 起锅装盘即可。

冬笋烩豌豆

材料

蘑菇、豌豆各100克，冬笋、西红柿各50克

调料

姜片、葱段各5克，水淀粉15毫升，食盐、味精各3克，香油3毫升，高汤适量

做法

1. 豌豆洗净，沥干水分；蘑菇、冬笋洗净，切小丁。
2. 在西红柿上划十字花刀，放入沸水中烫一下，捞出撕去皮，切小丁。
3. 净锅置大火上，注油烧至五成热时，爆香姜片、葱段，放入豌豆、冬笋丁、蘑菇、西红柿丁炒匀，再放入食盐、味精调味，最后以水淀粉勾薄芡，淋上香油即可。

茄子炒土豆

材料

茄子2条，青椒2个，土豆1个

调料

花生油30毫升，蒜蓉5克，食盐3克，味精、白糖各2克，水淀粉适量，姜末5克

做法

❶ 土豆去皮洗净，切块；茄子和青椒均洗净，切块；淀粉放入碗中加适量清水调匀。

❷ 花生油烧热，把茄子、土豆炸至金黄色后捞起，沥干油分。

❸ 锅中留底油，放入青椒、姜末和蒜蓉拌炒，沥干油分，再往锅中倒入土豆和茄子及其他调味料，以水淀粉勾芡盛盘即可。

豆角炒肉末

材料

鲜豆角300克，猪瘦肉150克，红椒100克，姜末10克，蒜末30克

调料

食盐5克，味精、鸡精各2克，花生油适量

做法

❶ 豆角择洗干净，切碎；猪瘦肉洗净，剁末；红椒洗净，切碎备用。

❷ 净锅上火，注入花生油烧热，放入肉末炒香，再加入红椒碎、姜末、蒜末一起炒出香味。

❸ 放入鲜豆角碎，调入食盐、味精、鸡精，炒匀即可。

旭日映西施

材料

豆腐500克，生猪肉300克，上海青200克

调料

食盐、老抽、料酒、鸡精、豆瓣酱、蒜末、花生油、白糖各适量

做法

❶ 豆腐切块，焯水，捞出装盘；生猪肉洗净后切小块，用老抽、料酒、鸡精腌渍备用。

❷ 起油锅，放入蒜末、豆瓣酱爆香，再下入猪肉翻炒，最后加入食盐、白糖、老抽和少许清水，以大火烧至收汁，起锅摆放在豆腐上。

❸ 用焯过水的上海青摆盘即可。

纸包豆腐

材料

日本豆腐300克，威化纸适量

调料

食盐2克，香菜叶、花生油各适量

做法

❶ 将日本豆腐切成两指宽的长条；香菜叶洗净备用。

❷ 将日本豆腐放在威化纸上，上面放少许香菜叶点缀，包裹成型。

❸ 油锅烧热，将包好的日本豆腐入锅略炸，捞起沥油，摆盘，趁热撒上食盐即可。

05

开胃消食食谱

　　小儿厌食症是指在比较长的时间里（一般超过2个月），孩子出现食欲减退或消失的症状，属于消化功能紊乱症的一种。家长一旦发现自己的孩子厌食，首先应注意排除全身性疾病，并应仔细考虑一下照顾孩子的过程中有无失误之处。然后再从饮食上予以考虑，解决孩子厌食、不消化等问题。

0～1岁婴儿

0～1岁的婴儿虽然所食用的食品的种类不多，但对营养的需求十分旺盛。这个阶段的婴儿口腔狭小，唾液分泌少，乳牙正处于萌出阶段。胃容量在不断长大的过程中，胃肠道的消化酶的分泌及蠕动能力也很低。而处于厌奶期的宝宝通常喝奶量骤减，有时甚至一两餐完全不吃，常常让家长很担心。其实，只要宝宝的精神状态和体重增长正常都不用过于担心。平时可给孩子添加适量具有开胃消食功效的辅食，促进孩子开胃消食，以保证孩子健康成长。

银耳橘子汤

材料
红枣5颗，橘子半个，银耳75克

调料
冰糖2大匙

做法

❶ 银耳泡软，洗净去硬蒂，切小片；红枣洗净；橘子剥开取瓣状。

❷ 锅内倒入3杯水，再放入银耳及红枣一同煮开后，改小火再煮30分钟。

❸ 待红枣煮开入味后，加入冰糖拌匀，最后放入橘子略煮，即可熄火。

桃汁

材料
桃子1个，胡萝卜30克，柠檬1/4个，牛奶100毫升

做法

❶ 胡萝卜洗净，去皮；桃子去皮去核备用；柠檬洗净备用。

❷ 将以上材料切成适当大小的块，与牛奶一起放入榨汁机内搅打成汁，滤出果肉即可。

草莓汁

材料

草莓180克，豆浆180毫升

调料

蜂蜜适量

做法

❶ 将草莓洗净，去蒂。

❷ 在榨汁机内放入豆浆、蜂蜜，搅拌20秒。

❸ 放入草莓，搅打1分钟即可。

草莓芒果香瓜汁

材料

草莓80克，芒果2个，香瓜200克，柠檬半个

做法

❶ 将草莓洗净，去蒂；将芒果和香瓜洗净，削皮，去籽，切块；柠檬洗净，切片。

❷ 将所有材料放入榨汁机内，榨汁即可。

柳橙汁

材料

柳橙2个

做法

❶ 柳橙用水洗净，切成两半。

❷ 用榨汁机挤压出柳橙汁。

❸ 把柳橙汁倒入杯中即可。

清爽蜜橙汁

材料
柳橙2个
调料
蜂蜜5克
做法
❶ 将柳橙去皮，切成小块。
❷ 将柳橙放入榨汁机中榨汁，再将柳橙汁与蜂蜜搅拌均匀即可。

小鱼丝瓜面线

材料
小鱼仔50克，丝瓜、面线各30克
调料
高汤500毫升
做法
❶ 小鱼仔处理干净；丝瓜去皮洗净，切成小段；面线洗净，泡软，切成短段。
❷ 锅中倒入高汤，烧热，放小鱼仔烧开。
❸ 将丝瓜、面线一起下入锅中煮熟，盛出待凉即可。

芋头米粉汤

材料
芋头70克，粗米粉50克，芹菜少许
调料
大骨汤350毫升
做法
❶ 芋头洗净切丁；粗米粉洗净，浸水10分钟；芹菜洗净切末。
❷ 锅上火烧热，倒入大骨汤，下芋头煮软，倒入粗米粉煮熟。
❸ 撒入芹菜，焖煮2分钟，即可。

蛤蜊清汤

材料

蛤蜊300克

调料

蒜头5克，食盐15克，小葱20克，红辣椒10克

材料图

做法

❶ 蛤蜊洗净外壳，在盐水里泡约3小时，让其吐尽体内脏物。

❷ 蒜头清洗后细细剁碎。

❸ 小葱切成3厘米左右的段；红辣椒切成长3厘米，宽、厚0.3厘米左右的丝。

❹ 净锅里放入蛤蜊与水，以大火煮至沸腾，转中火再煮5分钟。

❺ 煮至蛤蜊开口时，放入小葱、红辣椒、蒜泥，用食盐调味后再煮一会儿即可。

山楂猪骨汤

材料

山楂175克，猪脊骨150克，黄精5克

调料

食盐6克，姜片3克，白糖4克，清汤适量

做法

❶ 将山楂洗净去核；猪脊骨洗净斩块，焯水洗净备用。

❷ 净锅上火，倒入清汤，调入食盐、姜片、黄精烧开30分钟，再倒入猪脊骨、山楂煲至成熟，调入白糖搅匀即可。

清蒸鲈鱼汤

材料

鲈鱼50克

调料

葱丝、姜丝、食盐各适量

做法

❶ 将鲈鱼洗净。

❷ 将适量的清水煮开，放入鲈鱼，上蒸笼，待鱼蒸至八分熟时放入调味料，蒸熟即可。

玉米碎肉粥

材料

大米100克，玉米粒、猪肉各50克

调料

食盐适量

做法

❶ 大米洗净，浸泡10分钟；玉米粒洗净；猪肉洗净切碎。

❷ 净锅倒入清水烧热，放入大米、玉米粒、猪肉煮熟。

❸ 加入食盐调味后盛入碗内即可。

白粥

材料

大米150克

调料

糖浆适量

做法

❶ 大米洗净备用。

❷ 在电饭锅中加入适量清水，倒入大米煮成粥。

❸ 加糖浆拌匀，待凉即可。

滑蛋牛肉粥

材料

大米150克，牛肉50克，鸡蛋1个

调料

食盐适量

做法

❶ 大米淘洗干净；牛肉洗净，切细丝；鸡蛋打入碗内，加食盐搅拌成蛋液。

❷ 电饭锅内注水烧热，倒入大米、牛肉丝，煮至快熟时，倒入蛋液，按顺时针方向搅匀。

❸ 加入食盐调味后盛入碗内晾凉即可。

四季豆粥

材料

白粥1碗，四季豆、猪肉各50克

调料

高汤适量

做法

❶ 四季豆掰去头尾，剔除茎，洗净切圈；生猪肉洗净，切细丝。

❷ 锅中倒入高汤，放入四季豆、生猪肉煮熟。

❸ 起锅盛入白粥碗内，搅匀即可。

2～3岁幼儿

　　厌食症多发生在5岁以下的小孩身上，2～3岁最多。小儿厌食的常见原因有喂养不当、生活环境改变、精神紧张、药物影响、疾病影响等。厌食时间过长会导致患儿营养不良、身体衰弱、抵抗力下降，这样就更容易引发其他疾病，造成不良后果。所以，宝宝一旦出现厌食问题，在饮食上尤其需谨慎对待。

菠菜牛肉面线

材料
菠菜100克，牛肉50克，面线30克

调料
鸡汤600毫升

做法

❶ 菠菜洗净，切细；牛肉洗净，切成细丝；面线洗净，泡发至软，捞出沥水，切段备用。

❷ 将鸡汤倒入锅中，下入牛肉烧开，放入菠菜煮沸。

❸ 将面线下入，再煮约6分钟即可。

猕猴桃汁

材料
猕猴桃3个，柠檬1/2个

做法

❶ 猕猴桃用水洗净，去皮，每个切成4块。

❷ 在果汁机中放入柠檬、猕猴桃，搅打均匀。

❸ 把猕猴桃汁倒入杯中，饰以柠檬片即可。

酱烧鱼排

材料

鲔鱼200克，菠菜100克，蒜20克

调料

奶油、糖、酱油、太白粉末、花生油各适量

做法

❶ 鲔鱼处理干净，切片；菠菜洗净，切小段，入沸水汆烫捞起；蒜去皮，洗净，切末。

❷ 将蒜末和菠菜拌匀，放入盘中。

❸ 热锅烧油，放入奶油至溶化，放入鲔鱼煎至两面金黄，加入糖、酱油和水煮开，以太白粉勾芡，出锅装入有菠菜的盘中即可。

水梨川贝汁

材料

水梨300克，川贝母60克

调料

蜂蜜20克

做法

❶ 水梨洗净去皮，切开去核，再改切小块；川贝母洗净，碾磨成粉。

❷ 将水梨放入果汁机中搅出汁水，倒入锅中。

❸ 锅中加入适量清水，倒入川贝母、蜂蜜边煮边搅动，待沸时熄火，用过滤网滤出汁水即可。

蔬菜混合汁

材料

包菜1片，黄瓜半根，甜椒1/4个

做法

❶ 将包菜洗净，切成4~6等份；黄瓜洗净，纵向对半切开；甜椒洗净，去籽和蒂。

❷ 将所有材料放入榨汁机中榨汁即可。

甘蔗冬瓜汁

材料

甘蔗250克，冬瓜200克

调料

细砂糖10克

做法

❶ 甘蔗洗净，削皮后切段；冬瓜去皮去瓤洗净，切方块。

❷ 锅中倒入清水，放入甘蔗、冬瓜煮开，再放入细砂糖煮至糖溶化，熄火。

❸ 起锅倒入搅拌器中，搅匀后用筛网滤出汁水即可。

苹果橘子汁

材料

橘子1个，姜50克，苹果1个

做法

❶ 将橘子去皮、去籽。

❷ 将苹果洗净，留皮去核，切成块；姜洗净，切片。

❸ 将所有材料放入榨汁机内，搅打2分钟，然后用筛网滤出汁水即可。

薏米花枝鲜汤

材料

西蓝花80克，花枝、薏米各50克`

调料

高汤600毫升，食盐适量

做法

❶ 西蓝花洗净，切小朵；花枝洗净，切丁，烫熟；薏米充分浸泡。

❷ 将薏米加入高汤中煮至软，加入西蓝花煮至熟软。

❸ 放凉后连汤汁一起倒入搅拌机中搅打成糊状，再倒回锅中加入花枝和食盐煮熟即可。

小鱼空心菜汤

材料

空心菜100克，小鱼干10克

调料

高汤200毫升，姜适量

做法

❶ 空心菜洗净，切段；小鱼干洗净；姜洗净，切丝。

❷ 将高汤煮沸，放入小鱼干、姜丝略煮。

❸ 加入空心菜煮熟即可。

山药牛腩汤

材料

牛腩600克，山药300克

调料

八角10克，高汤1500毫升

做法

❶ 牛腩洗净，切块；山药去皮，洗净，切块。

❷ 将牛腩放入沸水中汆去血水，捞出洗净，沥干备用。

❸ 将牛腩、山药、八角和高汤放入锅中，煮沸后捞出八角，再转小火炖煮至熟即可。

蔬菜烘蛋

材料

鸡蛋100克，高丽菜、金针菇、生香菇、红甜椒各10克

做法

❶ 高丽菜、金针菇、生香菇、红甜椒分别洗净，切丝，与鸡蛋拌匀。

❷ 将所有材料放入碗中拌匀。

❸ 油烧热，将拌好的蔬菜鸡蛋液倒入锅中，煎至两面金黄即可。

洋菇西红柿汤

材料

小白菜100克，洋菇80克，西红柿、豆腐各50克

调料

高汤、太白粉水、食盐各适量

做法

① 小白菜洗净，切片；洋菇、豆腐洗净，切丁；西红柿放入沸水中烫去皮，去籽，切丁。

② 油烧热，放入西红柿、洋菇略炒，再加入高汤、小白菜、豆腐煮开。

③ 加入太白粉水勾芡，煮熟，再加入食盐调味即可。

西红柿干酪豆腐

材料

豆腐150克，干酪100克，西红柿50克

调料

食盐3克，花生油适量

做法

① 西红柿洗净，切碎；豆腐洗净，用纸巾吸去多余水分，撒上食盐调味。

② 锅中放油烧热，放入豆腐煎至两面金黄。

③ 铺上干酪，盖上锅盖焖至干酪融化，再加入西红柿碎稍微焖一下即可。

4～7岁学龄前儿童

对于厌食的孩子来说，在饮食方面，应多吃清淡、容易消化的食品，要注意粗粮和杂粮的摄取，如玉米、麦片、麸皮等，以促进肠蠕动，增强食欲，改善胃口。夏季饮食可选择绿豆、白扁豆、西瓜、荔枝、莲子、荞麦、大枣、鸭肉、牛奶、鹅肉、豆浆、梨等，另外，要合理调配。适当喝些绿豆汤可以解热毒、止烦渴。经常食用荷叶粥、薄荷粥、百合粥等，也是不错的开胃消食方法。

西瓜黑枣汁

材料
西瓜400克，黑枣20克
调料
柠檬汁适量
做法
❶ 西瓜洗净，切块去籽；黑枣去蒂洗净，切开去核。
❷ 将西瓜、黑枣、柠檬汁放入果汁机内，搅打均匀。
❸ 倒入杯中即可。

红糖红枣姜汁

材料
姜40克，红枣20克
调料
红糖25克
做法
❶ 红枣洗净去核；姜去皮，洗净切片。
❷ 锅中倒入3碗清水，放入姜片、红枣煮沸，再改小火炖煮15分钟。
❸ 加入红糖，煮至糖溶化即可。

菠萝胡萝卜汁

材料

菠萝肉、胡萝卜各200克，柠檬汁100毫升

调料

果糖适量

做法

❶ 菠萝肉切块；胡萝卜洗净，切段后放入榨汁机中榨出胡萝卜汁。

❷ 果汁机洗净，放入凤梨肉、胡萝卜汁、柠檬汁、果糖搅匀。

❸ 倒入杯中即可。

木瓜香蕉酸奶

材料

木瓜、香蕉各100克，鲜奶200毫升

调料

果糖、优酪乳各适量

做法

❶ 木瓜表皮洗净，用削皮器削皮，去籽切丁；香蕉去皮切段。

❷ 果汁机中倒入鲜奶，放入木瓜、香蕉、果糖、优酪乳，搅打均匀。

❸ 倒出即可饮用。

松子杏仁奶

材料

松子、杏仁各适量，鲜奶200毫升

调料

蜂蜜适量

做法

❶ 松子、杏仁均洗净，放入碾磨机中碾成细粉末。

❷ 将鲜奶倒入锅中，放入细粉末，边煮边搅。

❸ 待煮沸时，加蜂蜜拌匀，熄火倒出，待凉即可。

胡萝卜南瓜牛奶

材料

胡萝卜80克，南瓜50克，脱脂奶粉20克

做法

① 南瓜去皮，切块蒸熟。

② 胡萝卜洗净，去皮，切小丁；脱脂奶粉用温开水调开。

③ 将上述材料加入搅拌机中搅打成汁即可。

棉花糖可可奶

材料

可可粉50克，鲜奶500毫升

调料

细砂糖、棉花糖各适量

做法

① 电饭锅洗净沥干，倒入鲜奶。

② 电饭锅通电，倒入可可粉、细砂糖，搅拌均匀，煮至沸腾。

③ 倒入杯中，撒上棉花糖即可。

万年青虾米汤

做法

万年青1袋，干虾米50克，鸡蛋2个

做法

姜片、鸡汤、食盐、胡椒粉、香油各适量

做法

① 万年青洗净、切段；鸡蛋打散；干虾米浸泡备用。

② 将鸡汤放入锅中烧开，加入万年青、虾米，七八分钟后，加入姜、食盐、胡椒粉，再将蛋液淋入锅中，淋上香油即可。

荠菜四宝鲜

材料

荠菜、鸡蛋、虾仁、鸡丁、草菇各50克

调料

食盐5克，鸡精、淀粉各5克，黄酒3毫升

做法

❶ 鸡蛋蒸成水蛋；荠菜、草菇洗净切丁。

❷ 虾仁、鸡丁用食盐、鸡精、黄酒、淀粉上浆后，下入四成热的油中滑油备用。

❸ 锅中加入清水、虾仁、鸡丁、草菇丁、荠菜烧沸后，用剩余调料调味，再浇在水蛋上即可。

西红柿排骨汤

材料

西红柿1个，黄豆芽300克，猪排骨600克

调料

食盐3克

做法

❶ 西红柿洗净切块；黄豆芽掐去根须，洗净。

❷ 猪排骨切块，入沸水中汆烫后捞出。

❸ 将全部材料放入锅中，加适量清水，以大火煮沸，转小火慢炖30分钟，待肉熟烂，汤汁变为淡橙色，加食盐调味即成。

藕片炒莲子

材料

莲藕400克，莲子200克，红椒25克，青椒25克

调料

食盐3克，花生油适量

做法

❶ 将莲藕洗净切片；莲子去心洗净；青椒、红椒洗净切块。

❷ 将莲子放入水中，浸泡后捞出沥干。

❸ 净锅上火，倒油烧热，放入青椒、红椒、莲藕翻炒。

❹ 放入莲子，调入食盐炒熟即可。

西芹炒胡萝卜

材料

西芹250克，胡萝卜150克

调料

香油10毫升，食盐3克，鸡精1克

做法

❶ 将西芹洗净，切菱形块，入沸水锅中焯水；胡萝卜洗净，切成粒。

❷ 净锅注油烧热，放入芹菜爆炒，再加入胡萝卜粒一起炒至熟。

❸ 用香油、食盐和鸡精调味即可。

时蔬大拼盘

材料

胡萝卜、白萝卜、心里美萝卜、山药、香芋、西芹、黄瓜各100克，圣女果50克，香菜20克

调料

花生酱20克，香油10毫升，食盐、味精各3克

做法

❶ 圣女果、香菜洗净，香菜切碎；其他各原材料洗净，去皮，切成长条块。

❷ 除圣女果和香菜，把洗切好的其他原材料分别放入沸水中焯熟，沥干水分，一起装盘摆放好。

❸ 把调味料拌匀，放在拼盘中间作蘸料即可。

开胃猪排

材料

生猪排300克，菠萝30克

调料

食盐、水淀粉各适量

做法

❶ 生猪排洗净，加入食盐腌渍入味；菠萝洗净，取肉切丁。

❷ 将猪排放入烤箱中烤熟，取出放入盘中。

❸ 净锅烧热，倒入少许油，放入菠萝翻炒一会儿，再加入水淀粉勾芡，起锅淋在猪排上即可。

西湖莼菜汤

材料

西湖莼菜1包，草菇50克，鸡蛋1个，冬笋150克，鸡肉50克

调料

鸡汤20毫升，食盐3克，胡椒粉5克，生粉15克

做法

❶ 草菇、冬笋、鸡肉均洗净切片，锅中加入清水烧开，分别放入草菇、冬笋、鸡肉焯烫。

❷ 将鸡汤倒入锅中，加入莼菜、冬笋、草菇、鸡肉，调入食盐、胡椒粉拌匀煮沸。

❸ 用生粉勾薄芡，再加入鸡蛋清搅匀即可。

06

保护视力食谱

　　良好的视力不是先天获得的。婴儿出生时，视力不及成人的1%，随着年龄的不断增长，双眼视细胞不断发育和完善。5岁以内是视功能发育的重要时期，视觉发育一直延续到 6 ~ 8 岁。因此，在这个时期，父母应对孩子的视力加以重视，并在膳食方面予以相应调整。

0～1岁婴儿

当胎儿还在母亲腹中时，最先出现的器官既不是手，也不是脚，而是脑与眼睛。不过，虽然眼睛在胚胎中发育得很早，但孩子在出生后直到孩童期间，眼睛的生理发育仍在持续进行，视力发展也随着年龄而不同。0～1岁的婴儿，视力功能的发育仍不完全，除了妈妈的母乳外，还需要从各种辅食中摄取保护视力的各种营养元素。

蛋黄羹

材料
熟蛋黄5个，骨头汤150毫升
调料
食盐各适量
做法
❶ 取5个熟蛋黄备用。
❷ 将蛋黄研碎并拌入骨头汤搅至糊状。
❸ 加入少许食盐调味即可。

文丝豆腐羹

材料
豆腐100克，冬笋50克
调料
食盐、味精各适量
做法
❶ 豆腐、冬笋均洗净切成丝。
❷ 锅中注水，放入豆腐丝和冬笋丝，大火煮沸。
❸ 起锅前放入适量食盐和味精调味即可。

黑豆芝麻米糊

材料
大米100克，黑豆、黑芝麻各50克
调味
蜂蜜适量
做法
❶ 黑豆洗净，泡软；大米洗净，泡水；黑芝麻洗净，入锅炒香。
❷ 将上述材料放入豆浆机中，搅打成糊，盛出加入蜂蜜搅拌均匀即可。

红豆莲子糊

材料
红豆100克，去心莲子50克
调味
白糖、水淀粉各适量
做法
❶ 红豆洗净，用高压锅压熟；莲子洗净，泡软。
❷ 将红豆、莲子一同放入豆浆机，加入适量煮红豆的汤、白糖一起打碎成泥。
❸ 将煮红豆的汤煮开，用水淀粉勾芡，再加入红豆莲子泥搅匀煮熟即可。

蛋黄米糊

材料
鸡蛋1个，婴儿米粉50克
做法
❶ 鸡蛋煮熟，取蛋黄压成泥。
❷ 用开水将婴儿米粉调开，加入蛋黄泥调匀即可。

山药芝麻糊

材料

黑芝麻100克，糯米50克，山药15克，鲜牛奶200毫升

调味

冰糖适量

做法

❶ 糯米洗净，泡水；山药去皮洗净，切粒，浸泡于清水中；黑芝麻洗净，入锅炒香。

❷ 将上述材料放入搅拌机，加入鲜牛奶和清水，搅拌，过滤，再加入冰糖煮熟即可。

南瓜鱼松羹

材料

南瓜200克，草鱼100克

调料

食盐3克，白糖10克，水淀粉10毫升，味精2克，葱、姜、花生油各适量

做法

❶ 南瓜去皮蒸熟，剁蓉；草鱼处理干净，切成粒；姜洗净切粒；葱洗净，切葱花备用。

❷ 草鱼粒装入盘中，调入食盐、白糖、胡椒粉、淀粉，搅拌均匀后过油备用。

❸ 净锅上火，放入姜粒爆香，加入清水，大火煮开后放入南瓜蓉、食盐、味精、白糖，煮约1分钟转小火，再加入水淀粉勾芡，撒上葱花即可。

玉米莲子山药粥

材料

大米80克，玉米10克，莲子15克，山药20克

调料

食盐3克，葱适量

做法

1. 玉米洗净备用；莲子洗净，泡发，捅去莲心；山药去皮洗净，切小块；大米洗净泡发。
2. 净锅置于火上，注水，放入大米煮至米粒开花后，放入莲子、玉米、山药。
3. 用小火煮至粥成，调入食盐，撒上葱花即可。

玉米南瓜包菜粥

材料

大米90克，玉米、南瓜、包菜各30克

调料

食盐3克，味精适量

做法

1. 玉米洗净；南瓜去皮洗净，切块；包菜洗净，切丝；大米泡发洗净。
2. 净锅置于火上，注水，放入大米用大火煮至米粒开花后，放入包菜、南瓜、玉米。
3. 用小火煮至粥成，用食盐、味精调味即可。

木瓜大米粥

材料

大米80克，木瓜30克

调料

食盐2克，葱适量

做法

① 大米泡发洗净；木瓜去皮洗净，切小块；葱洗净，切葱花。

② 锅内加适量清水，放入小米煮粥。

③ 煮至粥浓稠时，加入食盐调味，再撒上葱花即可。

香蕉菠萝薏米粥

材料

大米60克，薏米40克，香蕉、菠萝各30克，西红柿5克

调料

白糖12克

做法

① 大米、薏米泡发洗净；菠萝去皮洗净，切块；香蕉去皮，切片；西红柿洗净切块。

② 净锅置于火上，注入清水，放入大米、薏米用大火煮至米粒开花。

③ 放入菠萝、香蕉、西红柿，改小火煮至粥成，用白糖调味即可。

2～3岁幼儿

这个时期的幼儿，乳牙刚刚长齐，对外界的一切都充满了好奇心。要保护孩子的视力，可以适量给孩子一些耐咀嚼的食物，增加咀嚼力度可以促进视力的发育。因为咀嚼时会增加面部肌肉包括眼部肌肉的力量，提高晶状体的调节能力，从而降低近视眼的发生概率。

西红柿豆腐汤

材料

豆腐200克，西红柿20克

调料

葱花、食盐各适量

做法

❶ 豆腐切成适当大小；西红柿洗净，切成块。

❷ 锅中加入清水500毫升，开中火，待水沸后将豆腐、西红柿放入，待水再沸后以食盐调味即可。

鱼子炖豆腐

材料

鲜鱼子100克，豆腐2块，上汤400毫升

调料

姜5克，食盐3克，味精2克，鸡精2克，花生油适量

做法

❶ 将豆腐略洗后切成块，姜去皮洗净切片。

❷ 净锅上火，加入适量清水，烧沸，放入豆腐稍烫，捞出沥水。

❸ 净锅上火，注油烧热，放入姜片、鱼子煸香，加入上汤、豆腐，再调入食盐、味精、鸡精，煮至入味即成。

海鲜豆腐煲

材料

豆腐200克，蟹柳5个，墨鱼片、鲜鱿鱼、西蓝花各50克，虾仁20克，冬笋15克

调料

红椒片10克，食盐6克，味精5克，姜米、白糖各3克，花生油、鲜汤各适量

做法

① 豆腐、虾仁、鲜鱿鱼、墨鱼片入油锅中炸2分钟。

② 蟹柳入沸水中焯透；西蓝花入沸水中焯熟。

③ 净锅中注油，爆香姜米、红椒、冬笋，放入除西蓝花以外的所有原材料、调味料、鲜汤煮至入味，盛入碗中，摆入西蓝花即可。

清炖鸡汤

材料

鸡脯肉350克，蘑菇80克，莲子50克，枸杞子10克

调料

食盐8克，胡椒粉5克，料酒、香油各5毫升，味精3克，葱2根，姜1块

做法

① 将鸡脯肉洗净后剁成大块，蘑菇去蒂洗净，葱切段，姜切片备用。

② 净锅注水煮沸，下入鸡块焯烫后捞出，沥干水分。

③ 锅中烧水，放入姜片煮沸后放入鸡块、蘑菇，调入食盐、胡椒粉、料酒、味精炖煮约40分钟，再放枸杞子、莲子煮20分钟，最后撒入葱段、淋上香油即可。

蛋黄肉

材料

咸蛋1个，上等五花肉400克，鸡蛋1个

调料

盐3克，鸡精2克，酱油2克，香油5毫升，花生油适量

做法

1. 五花肉洗净剁碎，熟咸蛋拍破，取出咸蛋黄，轻轻压扁；鸡蛋取蛋清，备用。
2. 五花肉装入碗，调入生粉、鸡蛋清、盐、鸡精、酱油、香油搅拌均匀。
3. 锅上火，注入油烧热，放入压扁的蛋黄，煎出香味放入碗底，上面放上码好味的五花碎肉，上蒸锅蒸约20分钟，取出，倒入盘里，淋上酱油、香油即可。

沾水豆苗

材料

豆苗250克，单山沾水料8克，清汤800毫升

调料

食盐10克，味精5克，胡椒粉3克，葱花10克，鲜汤适量

做法

1. 豆苗洗净。
2. 将食盐、味精、葱花、单山沾水料装入小碗拌匀，加入鲜汤待用。
3. 清汤中加入豆苗，煮沸，倒入大碗中跟调味料碗一起上桌即成。

鱼头豆腐菜心煲

材料

鲢鱼头400克，豆腐150克，菜心50克，枸杞子10克

调料

花生油40毫升，味精2克，葱段、姜片各4克，香菜段3克，食盐适量

做法

❶ 将鲢鱼头处理干净，剁块；豆腐切块；菜心、枸杞子洗净备用。

❷ 净锅上火入油，将葱、姜炝香，放入鲢鱼头煸炒，倒入水，再加入豆腐、菜心、枸杞子煲至熟，最后调入食盐、味精，撒入香菜即可。

鸡蛋黄花菜粥

材料

大米100克，鸡蛋1个，黄花菜20克

调料

食盐3克，香油、葱花各适量

做法

❶ 大米淘洗干净，用清水浸泡；黄花菜洗净后焯水。

❷ 净锅置于火上，注入清水，放入大米煮至八成熟。

❸ 放入黄花菜煮至粥浓稠，磕入鸡蛋，打散后略煮，再加入食盐、香油调匀，撒上葱花即可。

鲤鱼冬瓜粥

材料

大米80克，鲤鱼50克，冬瓜20克

调料

食盐3克，味精2克，姜丝、葱花、料酒、香油各适量

做法

❶ 大米淘洗干净，用清水浸泡；鲤鱼处理干净，切小块，用料酒腌渍；冬瓜去皮洗净，切小块。

❷ 净锅置于火上，注入清水，放入大米煮至五成熟。

❸ 放入鱼肉、姜丝、冬瓜煮至粥将成，再加入食盐、味精、香油调匀，撒上葱花即可。

生鱼胡萝卜粥

材料

大米80克，生鱼50克，胡萝卜20克

调料

食盐3克，味精2克，葱花、胡椒粉、麻油、料酒各适量

调料

❶ 大米洗净，用清水浸泡；生鱼处理干净后切小块，用料酒腌渍去腥；胡萝卜洗净切丁。

❷ 净锅置于火上，放入大米，加适量清水煮至五成熟。

❸ 放入生鱼、胡萝卜丁煮至米粒开花，再加入食盐、味精、胡椒粉、麻油调匀，撒入葱花即可。

猪血黄鱼粥

材料

大米80克，黄鱼50克，猪血20克

调料

食盐3克，味精2克，料酒、姜丝、香菜末、香油各适量

做法

❶ 大米淘洗干净，用清水浸泡；黄鱼处理干净，切小块，用料酒腌渍；猪血洗净切块，放入沸水中稍烫后捞出。

❷ 净锅置于火上，放入大米，加入适量清水煮至五成熟。

❸ 放入鱼肉、猪血、姜丝煮至粥将成，再加入食盐、味精、香油调匀，撒上香菜末即成。

青椒蒸香芋

材料

香芋200克，青椒50克

调料

食盐5克，白糖5克，味精3克，花生油适量

做法

❶ 香芋去皮切条，下入热油锅中稍炸后捞出。

❷ 将炸好的香芋与青椒拌在一起，用调味料调好味。

❸ 将芋儿上笼蒸熟，取出即可。

4 ~ 7岁学龄前儿童

学龄前儿童，视力逐渐发展至最佳状态。如果孩子有视力低下及其他表现，如斜视、视物歪头、眯眼等，应尽早到医院眼科检查、确诊。好的视力需要父母和儿童的共同维护，以下将介绍适合4~7岁学龄前儿童的多种保护视力的菜肴。

黄瓜松仁枸杞粥

材料

大米80克，黄瓜50克，枸杞子、松仁各20克

调料

食盐3克，鸡精适量

做法

❶ 大米洗净，泡水1小时；黄瓜洗净，切成小块；松仁去壳取仁；枸杞子洗净。

❷ 净锅置于火上，注入清水，放入大米、松仁、枸杞子，用大火煮开。

❸ 放入黄瓜煮至粥将成，调入食盐、鸡精煮至入味，再转入煲仔内煮开即可。

豆芽玉米粥

材料

大米100克，黄豆芽、玉米粒各20克

调料

食盐3克，香油5毫升

做法

❶ 玉米粒洗净；豆芽洗净，摘去根部；大米洗净，泡水半小时。

❷ 净锅置于火上，倒入清水，放入大米、玉米粒用大火煮至米粒开花。

❸ 放入黄豆芽，改用小火煮至粥将成，调入食盐、香油搅匀即可。

三宝蛋黄糯米粥

材料

糯米50克，薏米、芡实各25克，山药20克，熟鸡蛋黄1个

调料

食盐3克，香油、葱花各适量

做法

1. 糯米、薏米、芡实洗净，用清水浸泡；山药去皮洗净，切小片焯水后捞出。
2. 净锅置于火上，注入清水，放入糯米、薏米、芡实煮至八成熟。
3. 放入山药煮至米粒开花，再倒入切碎的鸡蛋黄，加入食盐、香油调匀，撒上葱花即可。

胡萝卜蛋黄粥

材料

大米100克，熟鸡蛋黄1个，胡萝卜10克

调料

食盐3克，香油、葱花各适量

调料

1. 大米洗净，用清水浸泡；胡萝卜洗净，切小丁。
2. 净锅置于火上，注入清水，放入大米煮至七成熟。
3. 放入胡萝卜丁煮至米粒开花，再放入鸡蛋黄稍煮，加入食盐、香油调匀，撒上葱花即可。

三蔬海带粥

材料

大米90克，胡萝卜、圣女果、花菜、海带丝各20克

调料

食盐2克，味精适量

调料

1. 大米洗净，浸泡半小时后捞起沥干水分；圣女果、胡萝卜洗净，切小块；花菜洗净，掰成小朵；海带丝洗净。
2. 净锅置于火上，注入清水，放入大米，用大火煮至米粒开花后，放入圣女果、花菜、胡萝卜、海带丝。
3. 用小火煮至粥将成，加入食盐、味精调味即可。

特色海鲜粥

材料

大米50克，草鱼肉、鳗鱼肉、虾、花生、海贝各10克，墨鱼仔1只，小鱼1条

调料

姜8克，香菜5克，食盐1克，味精2克

做法

1. 鱼肉洗净切片，虾去泥肠洗净，墨鱼去内脏切块，花生泡发，小鱼宰杀洗净，海贝洗净，米淘洗干净，姜切丝，香菜切末。
2. 砂锅中注水烧开，放入鱼片、花生、虾、墨鱼仔、小鱼、海贝、姜丝煮开，煲至熟。
3. 撒上香菜末，加入食盐、味精调味即可。

排骨粥

材料

排骨200克，大米100克

调料

香油10毫升，食盐5克，葱1根

做法

❶ 大米洗净，加水浸泡1小时以上，排骨斩件。

❷ 将大米入锅煮开，再放入排骨熬成稠粥。

❸ 加入食盐调味后熄火，撒上葱花，淋入香油即可。

步步高升汤

材料

年糕175克，日本豆腐3块，红薯100克，枸杞子10克，白果10颗

调料

高汤、食盐各适量

做法

❶ 将年糕、日本豆腐、红薯洗净均切块；白果、枸杞子均洗净备用。

❷ 净锅上火，倒入高汤，放入年糕、日本豆腐、红薯、白果、枸杞子煲至熟，用食盐调味即可。

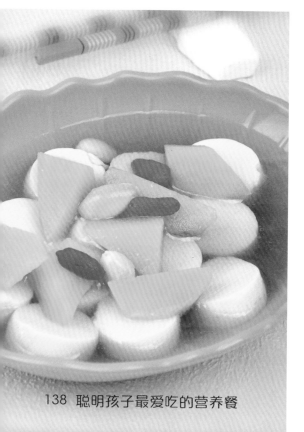

味噌豆腐汤

材料

豆腐150克，茼蒿50克，海带芽5克

调料

味噌5克

做法

❶ 海带芽泡水，备用；茼蒿去蒂，洗净；豆腐切丁。

❷ 锅中加水煮沸，放入海带芽、豆腐丁，用味噌调味（味噌加入少许水调匀后，再倒入汤中）。

❸ 放入茼蒿，烧沸即可。

西红柿蛋花汤

材料

西红柿1个，鸡蛋1个

调料

食盐5克，味精3克

做法

❶ 将西红柿洗净，切块。

❷ 鸡蛋打入碗中，搅散。

❸ 锅中注水烧开，先放入西红柿，再加入蛋液煮至熟，调入食盐、味精即可。

香附子豆腐汤

材料

豆腐200克，香附子9克

调料

食盐3克，姜5克，葱5克，花生油适量

做法

❶ 把香附子洗净，去杂质。

❷ 豆腐洗净，切成5厘米见方的块；姜切片；葱切段。

❸ 炒锅置于大火上烧热，加油烧至六成热时，下入葱、姜爆香，注入600毫升清水，加入香附，烧沸，再加入豆腐、食盐，煮5分钟即成。

胡萝卜红枣汤

材料

胡萝卜200克，红枣10颗

调料

冰糖适量

做法

❶ 将胡萝卜洗净，切块；红枣洗净，用温水浸泡。

❷ 净锅中注入1500毫升清水，放入胡萝卜和红枣，用温火煮40分钟，再加入冰糖调味即可。

柴胡猪肝汤

材料

猪肝200克，柴胡15克，菠菜1棵

调料

食盐3克，淀粉5克

做法

❶ 柴胡中加水1500毫升，大火煮开后转小火熬20分钟，去渣留汤；菠菜去根洗净，切小段。

❷ 将猪肝洗净切片，加入淀粉拌匀。

❸ 将猪肝加入柴胡汤中，转大火，并下入菠菜，等汤再次煮沸，加食盐调味即可。

羊肉萝卜煲

材料

白萝卜200克，生羊肉150克，胡萝卜半个

调料

食盐、葱、姜、香菜段各适量

做法

① 将生羊肉洗净切块，汆烫；白萝卜、胡萝卜洗净切成滚刀块；葱洗净切段；姜洗净切片。

② 净锅中注油烧热，放入姜片爆香，再放入食盐、白萝卜块、胡萝卜块煲煮，待熟后撒上香菜段即可。

柠檬红枣炖鲈鱼

材料

新鲜鲈鱼1条，红枣8颗，柠檬1个

调料

老姜2片，葱2棵，盐、香菜各少许

做法

① 鲈鱼洗净，去鳞、鳃、内脏，切块；红枣泡软，去核；柠檬切片；葱洗净，切段；香菜洗净，切末。

② 汤锅内倒入水，加入红枣、姜片、柠檬片，以大火煲至水开，放入葱段及鲈鱼，改中火继续煲半小时至鲈鱼熟透，加盐调味，放入香菜即可。

白果煲猪肚

材料

猪肚300克，白果30克

调料

高汤600毫升，食盐10克，料酒10毫升，淀粉30克，葱15克，姜10克

做法

❶ 猪肚用食盐和淀粉抓洗干净，重复2～3次后冲洗干净切条；葱切段；姜去皮切片。

❷ 将猪肚和白果放入锅中，加入适量清水煮20分钟至熟，捞出沥干水分。

❸ 将所有材料一同放入瓦罐内，加入高汤及料酒，小火煮至肚条软烂时，加盐调味即可。

黄绿汤

材料

南瓜350克，绿豆100克

调料

冰糖适量

做法

❶ 将南瓜去皮、籽，洗净切丁；绿豆淘洗干净备用。

❷ 净锅上火，倒入清水，放入南瓜、绿豆烧开，调入冰糖煲至熟即可。

胡萝卜猪大骨

材料

猪大骨250克，胡萝卜、玉米各100克

调料

食盐5克，味精3克，鸡精2克

做法

❶ 猪大骨洗净，砍成小块；红萝卜洗净，切成滚刀块；玉米洗净，切成小段。

❷ 将所有原材料和水一起用大火烧沸至熟。

❸ 加入食盐等调味即可。

西红柿炖牛肉

材料

牛肉250克，西红柿200克

调料

食盐3克，白胡椒粉6克，鸡精3克，葱15克，姜5克

做法

❶ 牛肉洗净，切成四方小丁；西红柿洗净，切成块；姜切成末；葱切葱花。

❷ 净锅中注油烧热，放入姜末爆香后，再加入牛肉炒至水分收干。

❸ 砂锅置于火上，倒入炒好的牛肉块、西红柿，加入适量清汤，大火炖40分钟后，撒入葱花，加入食盐、白胡椒粉、鸡精调味即可。

07

安神助眠食谱

儿童睡眠失调，包括难入睡、夜间多醒、夜间进食、睡眠周期提前或延迟，即睡得早、醒得早或睡得晚、醒得晚等。睡眠失调和孩子的生理、心理及气质特点有关，是其自身的特点和外部环境，如父母的育儿方式、周围环境扰乱、食物过敏等因素相互作用的结果。家长应对孩子睡眠失调给予足够重视，采取必要的措施来改善这种情况，保证孩子的身心健康。

0～1岁婴儿

刚出生的新生儿是没有昼夜规律的，到满月时才能逐步建立昼夜规律，即白天吃奶玩耍，夜间睡眠。父母帮助孩子逐步建立昼夜规律，是养育婴儿时很重要的一门功课。想要帮助孩子入睡，在夜间吃奶时最好不开灯或光线稍微昏暗一些，喂食孩子喜爱的母乳，即可安定孩子的心神，促进其睡眠质量的提高。在白天，可适量添加以下安神助眠食品。

川贝杏仁奶

材料
川贝母粉、杏仁粉各20克，鲜奶200毫升
调料
糖浆适量
做法
❶ 川贝母洗净，碾成粉末。
❷ 净锅上火，注水烧热，放入杏仁粉、川贝母粉煮沸，熄火后放入糖浆拌匀，滤出汁水，倒入杯中。
❸ 待稍凉后，倒上鲜奶即可。

甜麦芽羊奶

材料
麦芽粉15克，羊奶300毫升
调料
细砂糖20克
做法
❶ 将适量开水倒入杯中。
❷ 向杯中放入麦芽粉、细砂糖拌匀。
❸ 倒入羊奶拌匀即可。

薏米小麦胚芽奶

材料

薏米、小麦胚芽25克，鲜奶400毫升

调料

果糖30克

做法

❶ 薏米洗净，泡水30分钟，取出沥水。

❷ 将薏米上蒸锅蒸熟，取出后与小麦胚芽、果糖放入豆浆机中，加入适量温开水搅匀。

❸ 用细筛网滤出汁水，倒入杯中，加入鲜奶拌匀即可。

南瓜香蕉牛奶

材料

南瓜60克，香蕉1根，牛奶200毫升

做法

❶ 香蕉去掉外皮，切成可放入搅拌机大小的块；南瓜洗干净去皮，切块，入锅中煮熟，捞出沥干。

❷ 将牛奶、南瓜、香蕉一起放入搅拌机内搅打成汁即可。

花生豆奶

材料

黄豆、花生米各50克，牛奶100毫升

做法

❶ 黄豆洗净，泡软；花生米略泡，洗净。

❷ 将黄豆、花生米放入豆浆机中，添水搅打成浆。

❸ 烧沸后滤出，装杯，加入牛奶搅拌均匀即可。

芒果葡萄柚酸奶

材料

芒果肉200克，葡萄柚半个，酸奶200毫升

做法

❶ 将葡萄柚去皮，切小块，放入榨汁机中。

❷ 放入芒果肉、酸奶，搅打均匀即可。

樱桃牛奶

材料

樱桃10颗，低脂牛奶200毫升

调料

蜂蜜适量

做法

❶ 将樱桃洗净、去核，放入榨汁机中，倒入
牛奶与蜂蜜。

❷ 搅匀即可。

紫包菜南瓜汁

材料

南瓜100克，紫包菜60克，牛奶250毫升，炒
过的白芝麻15克，蜂蜜5克

做法

❶ 南瓜去籽洗净，带皮切成小块；紫包菜洗
净掰成片，与南瓜块一起煮熟。

❷ 将所有材料放入榨汁机内一起搅打成汁，
滤出果肉留汁即可。

柳橙水蜜桃汁

材料

柳橙50克，水蜜桃20克

调料

细砂糖适量

做法

❶ 柳橙洗净后，用榨汁机榨出柳橙汁备用。

❷ 水蜜桃洗净去皮，用磨泥器磨成泥状备用。

❸ 以1：2的比例取柳橙汁和水蜜桃泥，加细砂糖拌匀即可。

菠萝苹果汁

材料

苹果150克，菠萝肉60克

调料

蜂蜜适量

做法

❶ 苹果洗净去皮，切开去籽，切块。

❷ 搅拌器洗净，放入菠萝肉、苹果搅打成泥，倒入杯中。

❸ 往杯中倒上适量温开水，加上蜂蜜拌匀即可。

白萝卜姜汁

材料

白萝卜半根，姜30克

调料

蜂蜜适量

做法

❶ 将白萝卜与姜洗净，去皮磨碎，用纱布滤出汁液。

❷ 将汁液倒入杯中，加入蜂蜜拌匀即可。

2～3岁幼儿

宝宝夜里能否睡得好与晚上吃了什么有一定的关系。临床营养学家指出，导致睡眠障碍的原因之一，就是晚餐中吃了一些不宜食用的食物。那么究竟晚上吃什么才有利于促进宝宝睡眠呢？您可以根据以下食谱，适量添加宝宝爱吃的食物。

奇异芦笋汁

材料
奇异果、芦笋各150克
调料
果糖20克
做法
❶ 奇异果洗净，对半切开，挖出果肉；芦笋洗净，切小丁。
❷ 净锅注水烧热，将奇异果肉、芦笋一起放入搅拌器中，搅匀后倒入锅中煮沸。
❸ 加果糖煮至糖溶化，熄火待凉，用细筛网滤出汁水即可。

胡萝卜苹果汁

材料
胡萝卜、苹果各200克
调料
蜂蜜适量
做法
❶ 苹果削去表皮，对切后去核，再改刀切小块；胡萝卜洗净，切段。
❷ 将苹果、胡萝卜一起放入果汁机内，搅拌均匀，倒入杯中。
❸ 加入蜂蜜和匀即可。

冰糖参枣汁

材料
党参、红枣各15克
调料
冰糖20克
做法
❶ 党参洗净，切长段；红枣洗净。
❷ 净锅注水，放入党参、红枣烧开。
❸ 放入冰糖再煮15分钟，倒在杯子内，待凉即可饮用。

酪梨牛奶

材料
酪梨100克，牛奶300毫升
调料
柠檬汁适量
做法
❶ 酪梨洗净去皮、去籽，切块。
❷ 将酪梨与牛奶一起倒入果汁机中，搅打均匀后倒入杯中。
❸ 加柠檬汁拌匀即可。

桂圆甜枣汁

材料
莲子35克，桂圆肉干、红枣各20克
调料
冰糖20克
做法
❶ 红枣去蒂洗净；莲子洗净备用。
❷ 净锅注水烧开，放入桂圆肉干、红枣、莲子煮沸，加入冰糖搅拌至糖完全溶解，熄火。
❸ 待凉后起锅倒入杯中即可。

苹果芹菜汁

材料
苹果、柳橙各200克，芹菜100克
调料
蜂蜜适量
做法
❶ 苹果削去表皮，对切后去籽，再切小块；柳橙取肉，掰开；芹菜洗净，切段。
❷ 将苹果、柳橙、芹菜放入果汁机中，加适量凉开水搅成细末。
❸ 用过滤网滤出汁水，加入蜂蜜搅拌均匀即可。

莴笋百香果汁

材料
百香果150克，莴笋100克，酸奶100毫升
调料
细砂糖适量
做法
❶ 莴笋去掉老皮，洗净切段，沥干水分；百香果洗净，一切为二，挖出果肉放入果汁机中。
❷ 果汁机中再放入莴笋、百香果、细砂糖，倒入200毫升温开水，搅打均匀，倒入杯中。
❸ 将酸奶倒入拌匀即可。

银杞雪梨汤

材料

雪梨120克，金银花20克，枸杞子5克

调料

白糖15克

做法

❶ 雪梨洗净，去皮、核，切成块。

❷ 金银花、枸杞子洗净备用。

❸ 将雪梨放入炖盅内，加入枸杞子、金银花、白糖，置于锅中隔水炖1小时即可。

菊花桔梗雪梨汤

材料

雪梨1个，甘菊5朵，桔梗5克

调料

冰糖5克

做法

❶ 甘菊、桔梗加2碗清水煮开，转小火继续煮10分钟，去渣留汁，再加入冰糖搅匀，盛起待凉。

❷ 梨子洗净削皮，剖开去籽，再将梨肉切丁，加入已凉的甘菊、桔梗汁中即可。

4～7岁学龄前儿童

儿童失眠往往是因为先天不足，后天失调，或疾病所伤，逐渐形成偏盛偏衰的体质，进而演变为脏腑功能失调，阴阳失调；以肾阴不足为本，虚阳浮亢，心肝火盛为标，从而发生失眠。用药物治疗失眠，往往对儿童的肝肾功能有影响，且对儿童的身体健康不利，本章特选适合学龄前儿童的食谱，帮助儿童提高睡眠质量，改善儿童体质。

虾米节瓜米羹

材料

虾米20克，节瓜50克，红枣3颗，大米50克

调料

姜5克，葱3克，食盐3克，鸡精1克，胡椒粉1克

做法

❶ 节瓜去皮洗净切丝，虾米洗净，姜去皮洗净切丝，葱切葱花，红枣去核切丝备用。

❷ 净锅上火，注入适量清水，加入姜丝、红枣丝，大火烧沸后，放入洗净的大米，再次烧沸，再用慢火熬煮至熟即可。

菠萝莲子羹

材料

莲子300克，菠萝150克，人参10克

调料

冰糖、水淀粉各适量

做法

❶ 人参泡软洗净，切片；菠萝去皮切小块。

❷ 莲子洗净放碗中，加入清水，上蒸笼蒸至熟烂，加入冰糖、人参，再蒸20分钟取出。

❸ 净锅内注入清水，放入冰糖熬化，再放入菠萝、莲子、人参，连同汤汁一起下锅，烧开后用水淀粉勾芡，盛入碗内即可。

薏米猪肠汤

材料

猪小肠120克，薏米20克

调料

米酒5克

做法

❶ 薏米用热水泡1小时；猪小肠放入沸水中余烫至熟，切小段。

❷ 将猪小肠、500毫升水、薏米放入锅中煮沸，转中火煮30分钟。

❸ 食用时，倒入米酒即成。

灵芝鸡腿养心汤

材料

鸡腿1只，香菇2朵，灵芝3片，杜仲5克，淮山10克，红枣6颗，丹参10克

做法

❶ 鸡腿洗净，以开水焯烫；香菇泡发，去蒂，洗净；灵芝、杜仲、淮山、红枣、丹参均快速用清水冲洗干净。

❷ 炖锅内放入适量清水，烧开后，将全部材料放入锅中煮沸，再转小火炖约1小时即可。

上汤鲜黄花菜

材料

黄花菜300克

调料

食盐5克，味精2克，鸡精3克，上汤200毫升

做法

❶ 将黄花菜洗净，沥水。

❷ 将净锅置于火上，加上汤烧沸，放入黄花菜，调入食盐、味精、鸡精，装盘即可。

远志菖蒲鸡心汤

材料

鸡心300克，胡萝卜50克，葱2棵，远志15克，菖蒲15克

调料

食盐3克

做法

❶ 将远志、菖蒲装入棉布袋内，扎紧。

❷ 将鸡心下入开水中汆烫，捞出备用；葱洗净，切段。

❸ 胡萝卜削皮洗净，切片，将棉布袋和胡萝卜先入锅加1000毫升水煮汤。

❹ 以中火烧至滚沸后继续煮至剩600毫升水，再加入鸡心煮沸，捞出棉布袋，加入葱段、食盐调味即可。

莲子干贝烩冬瓜

材料

冬瓜500克，干莲子20克，新鲜干贝100克

调料

食盐2克，香油5毫升，太白粉15克

做法

❶ 干莲子泡水10分钟，用电锅蒸熟后取出；冬瓜去皮及籽后切片。

❷ 锅内倒入清水，放入干贝和莲子，煮沸后转中火，放入冬瓜片拌炒片刻，再盖上锅盖续煮5分钟，加入食盐、香油炒匀，最后加入调匀的太白粉水勾芡即可。

白扁豆鸡汤

材料

鸡腿300克，白扁豆100克，莲子40克，丹参10克，山楂10克，当归尾10克

调料

食盐3克，米酒10克

做法

❶ 将丹参、山楂、当归尾洗净放入棉布袋中，与清水、鸡腿、莲子一起放入锅中，以大火煮沸，转小火续煮45分钟备用。

❷ 白扁豆洗净，沥干，放入锅中与其他材料混合，煮至白扁豆熟软。

❸ 取出棉布袋，加入调味料即可。

鸡腿菇鸡心汤

材料

鸡腿菇200克，鸡心100克，枸杞子10克

调料

食盐3克，味精3克，鸡精2克，姜片10克

做法

❶ 鸡腿菇洗净，切厚片；鸡心切掉多油的地方，洗净瘀血。

❷ 枸杞子入冷水中泡发；鸡心入沸水中汆透，再入冷水中洗净。

❸ 煲中加水烧开，下入姜片、鸡心、枸杞子煲20分钟，放入鸡腿菇，再煲10分钟，再放入剩余调料调味即可。

土豆苦瓜汤

材料

土豆150克，苦瓜100克，无花果100克

调料

食盐3克，味精2克

做法

❶ 将所有材料洗净。苦瓜去籽，切条；土豆去皮，切块。

❷ 锅中加水煮沸，加入无花果、苦瓜条、土豆块，一同放入锅内，用中火煮45分钟。

❸ 待熟后，用食盐、味精调味即可。

咸蛋黄扒笋片

材料

咸蛋4个，莴笋300克，红椒3个，葱5克，姜5克

调料

花生油20毫升，盐3克，味精2克，淀粉3克

做法

❶ 莴笋去皮，洗净，切菱形薄片；红椒去蒂、去籽，切菱形片；姜切末备用；咸蛋煮熟，去壳，取蛋黄，切细丁备用。

❷ 锅上火，注入油烧热，爆香姜末，下莴笋、红椒翻炒至熟，调入盐、味精，盛入盘。

❸ 净锅上火，加少许水烧开，放入咸蛋黄丁，煮沸，下少许淀粉、味精、勾芡，将芡汁淋入盘内，撒上葱花，即可。

百合绿豆沙葛汤

材料

绿豆300克，百合（干）150克，沙葛1个，猪瘦肉1块

调料

食盐5克，味精3克，鸡精2克

做法

❶ 百合泡发；猪瘦肉洗净，切成块。

❷ 沙葛洗净，去皮，切成大块；绿豆洗净。

❸ 将所有材料放入煲中，以大火煲开，再转小火煲15分钟，加入食盐、味精、鸡精调味即可。

豆浆炖羊肉

材料

生羊肉500克，山药200克，豆浆500毫升

调料

花生油、食盐、姜片各适量

做法

❶ 将山药去皮切片，生羊肉洗净切成片。

❷ 将山药、羊肉和豆浆一起倒入锅中，加清水适量，再加入花生油、姜，上火炖2小时。

❸ 调入食盐即可。

香菇白菜魔芋汤

材料

白菜150克，魔芋100克，香菇20克

调料

食盐5克，花生油、水淀粉各适量，味精3克

做法

❶ 将香菇洗净，切成片；白菜洗净，切碎。

❷ 魔芋切成薄片，放入沸水中焯去碱味后，捞出。

❸ 将白菜倒入热油锅内炒软，再加入500毫升水，加食盐煮沸，放入香菇、魔芋，同煮开约2分钟，最后加味精调味，以水淀粉勾芡拌匀即可。

火腿苦瓜汤

材料

苦瓜500克，瘦火腿75克

调料

清汤、食盐、胡椒粉、味精各适量

做法

❶ 苦瓜洗净，去籽、去瓤，切片；火腿切成丝。

❷ 烧开水，将苦瓜焯熟，放入有食盐的凉清汤内漂半小时。

❸ 烧开余下的汤，加入火腿、食盐、胡椒粉、味精烧开，把苦瓜捞出，放在汤碗中，加入烧开的清汤即可。